GERD OTTO MÜLLER

Stand und Trends der Experimentalmethodik in der Festkörperphysik

BEITRÄGE ZUR FORSCHUNGSTECHNOLOGIE

Schriftenreihe für Experimentalmethodik, Systemanalyse und Instrumentierung in der naturwissenschaftlichen, medizinischen und technischen Forschung

Herausgegeben von der Ständigen Expertenkommission Forschungstechnologie beim Vizepräsidenten für Forschung und Planung der Akademie der Wissenschaften der DDR

HEFT 1

Herausgeber- und Redaktionskollektiv (Schriftleitung):

Günther Lotz (Leiter), Berlin; Gerhard Etzold (stellvertretender Leiter), Berlin-Buch; Dietmar Döring, Dresden; Dietrich Schulze, Dresden; Tristan Köster (Sekretär), Berlin

Akademie der Wissenschaften der DDR, Ständige Expertenkommission Forschungstechnologie beim Vizepräsidenten für Forschung und Planung,
1199 Berlin-Adlershof, Rudower Chaussee 5, Haus 12.1
(Zentrale Arbeitsgruppe Forschungstechnologie)

Gerd Otto Müller

Stand und Trends der Experimentalmethodik in der Festkörperphysik

Mit 16 Abbildungen

AKADEMIE-VERLAG · BERLIN · 1975

Anschrift des Autors:

Dr. sc. nat. Gerd Otto Müller
Akademie der Wissenschaften der DDR
Zentralinstitut für Elektronenphysik
DDR-108 Berlin, Mohrenstraße 40/41

Manuskriptabschluß: März 1974

Erschienen im Akademie-Verlag, 108 Berlin, Leipziger Straße 3—4

Lizenznummer: 202 · 100/552/74
Umschlaggestaltung: Rolf Kunze
Gesamtherstellung: VEB Druckerei „Thomas Müntzer", 582 Bad Langensalza
Bestellnummer: 762 002 0 (2167/1) · LSV 1185
Printed in GDR
EVP 12,50

Zum Geleit

Die Gestaltung der entwickelten sozialistischen Gesellschaft der DDR ist untrennbar mit den Fortschritten der Wissenschaft verknüpft. Ziele und Aufgaben der Hauptrichtungen der Grundlagenforschung einschließlich wissenschaftsorganisatorischen Maßnahmen sind langfristig bis 1990 konzipiert und durch Partei und Regierung beschlossen worden. In Realisierung dieser Ziel- und Aufgabenstellungen bemüht sich die Akademie der Wissenschaften der DDR gemäß ihrer Verantwortung ständig um die Rationalität der Forschung und die gesellschaftliche Nutzung der Forschungsergebnisse sowie um die Lösung der Probleme der Rationalisierung und Intensivierung.

Leistungsniveau, Leistungsvermögen und Effektivität der Wissenschaft sind engstens mit der Forschungstechnologie verbunden. In Anbetracht ihrer Bedeutung arbeitet an der AdW der DDR seit zwei Jahren eine Ständige Expertenkommission Forschungstechnologie. Sie berät die Leitung der Akademie zu grundsätzlichen Fragen der Forschungstechnologie der naturwissenschaftlichen, medizinischen und technischen Forschung. In ihren Empfehlungen berücksichtigt sie insbesondere die Entwicklung, Sicherung und Nutzung der methodischen und gerätetechnischen Basis der Akademie.

Es gehört zu den Aufgaben dieser Expertenkommission, die Meinungsbildung auf ihrem Arbeitsgebiet zu entwickeln und entsprechende nationale sowie internationale Erkenntnisse und Erfahrungen zu verbreiten. Dazu hat sie durch ihr Herausgeber- und Redaktionskollektiv die Schriftenreihe „Beiträge zur Forschungstechnologie" vorbereitet, deren Heft 1 hiermit vorliegt. Es widmet sich – dargestellt am Beispiel der Festkörperphysik – der Rolle der Experimentalmethodik in der naturwissenschaftlichen Forschung, insbesondere im Hinblick auf deren Rationalisierung und Effektivität, einem bisher kaum untersuchten Gegenstand. Ein guter Auftakt.

Ich bin davon überzeugt, daß die Schriftenreihe auch außerhalb der AdW einen ständigen Leserkreis gewinnen wird. Mit dem Erscheinen des ersten Heftes sind gleichzeitig alle in der Forschung Tätigen aufgerufen, sich mit ihren Erfahrungen und Vorstellungen zu Problemen der Forschungstechnologie in der neuen Schriftenreihe zu Wort zu melden.

Der Schriftenreihe „Beiträge zur Forschungstechnologie" wünsche ich ein erfolgreiches Wirken.

Berlin, im September 1974

Prof. Dr. U. Hofmann

Vizepräsident
der Akademie der Wissenschaften der DDR

Der Autor möchte betonen, daß viele der vorgestellten Gedanken und Argumente in Diskussionen mit Kollegen, inbesondere im Rahmen der Problemkommission Forschungsmittel und Meßmethodik des Zentralinstituts für Elektronenphysik der Akademie der Wissenschaften der DDR und innerhalb der Ständigen Expertenkommission Forschungstechnologie (SEF) beim Vizepräsidenten für Forschung und Planung der Akademie der Wissenschaften der DDR, entstanden sind; allen Gesprächspartnern zu dieser Thematik sei Dank. Herzlicher Dank gilt den Mitgliedern des Herausgeber- und Redaktionskollektivs, die viele kritische Hinweise zum Manuskript äußerten, wobei die ständige Ermutigung und Unterstützung seitens seines Leiters, Herrn Dr. G. Lotz, besondere Anerkennung finden soll.

Die wichtigsten verwerteten sachlichen Hinweise stammen von Dr. G. Jungk, Dr. G. Lotz, Dr. D. Schulze und Dipl.-Ing. K. Werner.

Dem Akademie-Verlag, vertreten durch die Lektorin Frau R. Trautmann, gebührt Dank für vielfältige Nachsicht und Hilfe.

I n h a l t

C o n t e n t s

СОДЕРЖАНИЕ

1. Einleitung

Ebenso wie in jeder Produktion ist in der Forschung das „Wie", die Art und Weise der Durchführung, die Technologie entscheidend für Produktivität, Effektivität, den Ausstoß überhaupt. Setzt man zunächst voraus, daß es ein Verfahren gibt, zu guten Fragestellungen zu gelangen, so wird in der experimentellen Forschung der Erfolg weitgehend von den angewandten Experimentiermethoden abhängen, z. B. also von deren günstiger Auswahl, dem Grad der Beherrschung von Verfahren und Techniken, von vorhandenen Geräten, geübtem Personal usw. Die Gesamtheit der Meßmethoden, Präparations-, Auswerte-, Reinigungs-, und was auch sonst noch für -methoden, kurz die Experimentalmethodik, darf also als ein wesentlicher Faktor der Forschungstechnologie angesehen werden. Letzteres gilt nicht nur ganz allgemein und abstrakt, sondern sehr konkret bezogen auf eine Forschungseinrichtung: Deren Erfolg, Effektivität und Produktivität wird entscheidend von ihrem methodischen Potential bestimmt (in diesem Sinne werden wir im folgenden auch von „beherrschter Methodik" sprechen).

Lassen wir nunmehr die Voraussetzung bezüglich der Aufgabenstellungen fallen: Akzeptiert man, daß das Kriterium „technische (ökonomische) Verwertbarkeit" als Auswahlkriterium für Aufgaben oder wissenschaftliche Fragestellungen in der Grundlagenforschung von zweifelhaftem Wert ist[1], so ist es nicht schwer einzusehen, daß Aufgabenstellung und Methode in der Grundlagenforschung so stark wechselwirken, daß man nur selten von einem Primat der einen sprechen kann. Anders in der anwendungsnahen Forschung oder gar in der Entwicklung. Hier dominiert in jedem Falle die Aufgabe, und die Methode zur Lösung, zur Beantwortung der Fragestellung ist zu finden. Im einfachsten Fall sind die Methoden in der näheren Umgebung, zu der Zugriff besteht, aufzufinden, in komplizierteren Fällen müssen sie in der Literatur aufgespürt werden, schlimmstenfalls sind sie zu entwickeln oder zu erfinden.

Die oben angesprochene „Dialektik" von Aufgabe und Methode in der Grundlagenforschung bedeutet praktisch, daß hier in der Regel die (beherrschte) Methodik die gewählte Aufgabenstellung mitbestimmt. In wenigen Fällen – im allgemeinen nur bei den als fundamental angesehenen Fra-

1 Wie zweifelhaft, belegt die Tatsache, daß selbst die Beurteilung der Nützlichkeit eines Ergebnisses so schwierig ist, daß beispielsweise C. Townes [1] lange Zeit kämpfen mußte, bis die sicher nicht schlechte Patentabteilung der Bell Labs. einsah, daß ein Laser etwas so nützliches ist, daß man ein Patent dafür anmelden solle. Wieviel schwieriger als die Beurteilung der Nützlichkeit eines Ergebnisses ist die einer Fragestellung.

gestellungen – wird die aufwendige Entwicklung völlig neuer Methoden in Kauf genommen werden, um genau diese Aufgaben lösen zu können. Überflüssig darauf hinzuweisen, welche Effektivitätseinbuße ein Irrtum bezüglich der Notwendigkeit, eine neue Methode zu entwickeln, bedeutet.

Die „beherrschte" Methodik wird aber auch die Auswahl der effektiv bearbeitbaren Aufgabenstellungen aus einer Forschungsrichtung bestimmen. Der bislang wenig verwendete Begriff der „methodischen Bilanzierung" scheint hier am Platze zu sein: Innerhalb einer experimentell forschenden Einrichtung sollte der Aufnahme einer neuen Aufgabenstellung die Analyse der methodischen Möglichkeiten oder der notwendigen Aufwendungen für ihre Bearbeitung vorausgehen.

Im großen gesehen, bezüglich der Methodik einer ganzen Disziplin, dürfte es wissenschaftshistorisch leicht nachzuweisen sein, daß zu jeder Zeit bestimmte „Schlüssel-Methoden" den Fortschritt bestimmen [2]. Dabei sind es oft von anderen Disziplinen entwickelte Methoden oder Geräte, die dafür ausschlaggebend sind. So bedeutet beispielsweise die Methode zur Erzeugung stimulierter Emission, die den heute gebräuchlichen Gaslasern zu Grunde liegt, einen ganz neuen Ausgangspunkt für optische Untersuchungen im breitesten Sinne. Ja, man kann davon sprechen, daß die Verflechtung der naturwissenschaftlichen Disziplinen gerade durch die neue Aufgabenstellungen stimulierende Übernahme von Methoden der Nachbardisziplin geprägt ist.

Zweifellos handelt es sich bei den Methoden, die an den Laser geknüpft sind, wie beispielsweise viele der Streumethoden auf die in Abschnitt 5.2. eingegangen wird, um solche Schlüssel-Methoden der siebziger Jahre in der Festkörperphysik[2].

Wichtig in diesem Zusammenhang ist auch, daß ein Forschungsziel die Methode bei weitem nicht eindeutig bestimmt. Oft gibt es nicht einmal ein scharfes Optimum (wenn man die Nebenbedingungen auf physikalische oder meßtechnische beschränkt), sondern das Optimum wird durch außerwissenschaftliche Bedingungen, nämlich z. B. die Verfügbarkeit einer der geeigneten Methoden gegeben[3]. Dabei ist zu beachten, daß eine Aufgabe in der Regel aufspaltbar (nicht eindeutig) ist in eine Reihe von Teilzielen. Diese Aufspaltung sollte natürlich so vorgenommen werden, daß für möglichst viele oder zumindest die experimentell aufwendigsten Aktivitäten beherrsch-

2 Hier ist ebenfalls deutlich erkennbar, daß es unsinnig wäre, von einem Primat der Zielstellung zu sprechen. Die Zielstellung, thermodynamische Daten berührungslos (siehe 5.2.) zu messen, war vor vierzig Jahren aktuell, jedoch nicht bearbeitbar ohne „mal schnell" eine geeignete Methode zur Erzeugung kohärenter Strahlung zu entwickeln, was, wie man weiß, eben diese vierzig Jahre in Anspruch nahm.

3 Hier liegt einer der großen Vorteile der breiten arbeitsteiligen wissenschaftlichen Kooperation.

te oder zumindest bekannte, erprobte Methoden eingesetzt werden können.

Im Sinne dieser Überlegungen darf man die Kenntnis des Standes und der Entwicklungsrichtungen der Experimentalmethodik einer Disziplin als einen nicht unwesentlichen effektivitätsbestimmenden Faktor der naturwissenschaftlichen Forschung ansehen. Angesichts dessen nimmt es wunder, daß die Experimentalmethodik der Physik (oder ihrer Teilgebiete) in der Diskussion so wenig Raum einnimmt. Es gibt zwar einige wenige, international wohlrenommierte Zeitschriften „für wissenschaftlichen Gerätebau"[4] – wie beispielsweise Review of Scientific Instruments, Pribory i Technika Eksperimenta und Journal of Physics E: Scientific Instruments –, aber eine systematische Erfassung methodischen Fortschritts ist nicht ihr Ziel. Beredtes Beispiel dafür ist vielleicht die Tatsache, daß letztere im Jahre 1973 eine Diskussion über die Sinnfälligkeit von „Instrument Science" (Instrumentierungswissenschaft) beginnen konnte [3], ohne daß in den drei einleitenden Aufsätzen der Begriff „Methodik" überhaupt auftritt, obwohl man kaum in Abrede stellen wird, daß die Experimentalmethodik zumindest *eine* Grundlage der Instrumentierung ist. Die Gepflogenheit anderer großer wissenschaftlicher Zeitschriften, die Systematisierung ihres Gebiets durch Übersichtsartikel über aktuelle, gerade zu einem gewissen Abschluß gebrachte Teilgebiete zu fördern, fehlt bei den genannten Zeitschriften völlig. Man muß also wohl gewisse Vernachlässigungen bei der Erschließung von Möglichkeiten zur Verbesserung des „Wie" in der experimentellen physikalischen Forschung beklagen. Auch sollte nicht unerwähnt bleiben, daß das Lehrfach (und auch der Lehrstuhl) „Experimentalphysik" wohl nur an wenigen Stellen als Experimental*methodik* verstanden wird, so daß von einer „beamteten" Erfassung, Systematisierung und Verbreitung methodischen Wissens auch hier nicht gesprochen werden kann.

In Anbetracht dieser Situation erhebt die hier vorgelegte Arbeit auch nicht den Anspruch, der durch den Verzicht auf das „Zu" im Titel ausgedrückt würde. Läge eine umfangreiche Literatur vor, die nur zu ergänzen oder auf einen aktuellen Stand zu bringen, möglicherweise neu zu interpretieren wäre, so wäre diese Aufgabe vielleicht zu lösen gewesen. Der Autor, selber Halbleiter-Physiker, dagegen versucht, erste Bemühungen *zu* einem solchen Thema verständlich zu machen, wobei sicher einige Feststellungen nicht einmal für die gesamte Festkörperphysik Gültigkeit haben, andere möglicherweise darüber hinaus. Bei der Behandlung eines solchen Themas erweist es sich als besonders schwierig zu belegen oder gar zu beweisen, was man verallgemeinernd aus eigener Erfahrung zu schlußfolgern geneigt ist. Der Weg über das Beispiel, das möglicherweise typisch ist oder von ande-

4 Oder wie man vielleicht korrekter sagen sollte „Forschungsgerätebau", obwohl dieses Wort im Deutschen auch wenig eingebürgert ist [4].

ren als Ausnahme betrachtet werden mag, muß dabei häufig beschritten werden. Erst eine stärkere Diskussion des Gegenstandes wird mögliche Subjektivismen ausmerzen können.

2. Problemstellung

Nachdem in dem ersten Kapitel versucht wurde, Nützlichkeit, Einordnung und Hintergrund darzutun, sei nunmehr die Problematik des Vorgehens und die genauere Zielstellung erläutert.

Will man dies tun, so sieht man sich einer recht grundsätzlichen Schwierigkeit gegenüber. Eine ordnende, systematisierende Beschäftigung mit Methoden verlangt eine Bildung von Begriffen, die über den Begriff der einzelnen Methode hinausgeht; also Methodengruppe, -klasse o. ä. Diese Einteilungsprinzipe sind vielfältig denkmöglich. Die Schwierigkeit besteht zunächst darin, daß eine Methode zur Verknüpfung von Methoden zur Ausführung von Teilschritten existieren kann, wie oben dargelegt. Das einfachste Klassifizierungsmerkmal wäre das Ziel, also eine „Methode *für etwas*". Da jedoch (gerade auch wegen der Möglichkeit der Methodenverknüpfung) die gleiche Methode für unterschiedlichste Zwecke eingesetzt werden kann, ist das kein sehr geeignetes Merkmal. Auch können Verwandtschaften im theoretischen Hintergrund oder in der möglichen gerätetechnischen Realisierung durch diese Klassifikation natürlich nicht herauskommen (Beispiel s. 3.2.). Damit sind aber bereits zwei weitere Klassifikationsgesichtspunkte genannt, die ebenfalls nicht voll befriedigen.

Besonders einfach, durchsichtig und eindeutig erscheint eine Einteilung der Methoden experimenteller (physikalischer) Forschung nach den Gesichtspunkten

a) Meßmethode
b) Methode zur (irreversiblen) Probenpräparation
c) Methode zur (reversiblen) Einstellung eines beabsichtigten Probenzustandes.

Unschön dabei ist, daß zumindest bei der Einstellung des Probenzustandes natürlich im allgemeinen dieser Zustand gemessen (oft sogar geregelt) werden muß, und also Meßmethoden a) notwendige Bestandteile der Methode für c) sein müssen[5].

5 Eine gewisse Sonderstellung, die schlecht in dieses Schema eingeordnet werden kann, nimmt eine besonders wichtige Art des physikalischen Experimentes ein: Die response-Messung, d. h. die Bestimmung des Anwortverhaltens auf eine (in der Regel infinitesimale) „Störung" z. B. der lineare optische response. Hier wird also ein Probenzustand in dem Sinne eingestellt, daß das Gleichgewicht nur sehr wenig (infinitesimal) gestört wird, und natürlich sind Messungen des linearen response denkbar (und werden wohl in Zukunft besondere Bedeutung erlangen (s. auch 5.3.), die z. B. den dielektrischen response eines Systems fernab vom thermodynamischen Gleichgewicht betreffen.

Jedes reale physikalische Experiment läßt sich aus unterschiedlichen Anteilen (aufwandsmäßig bezüglich Arbeit und Gerätetechnik) dieser drei Methodengruppen aufbauen. Charakteristisch für die Festkörperphysik (und übrigens auch für die Plasmaphysik) scheint zu sein, daß der Aufwand für b) und c) heute oft den Aufwand für a) weit übersteigt; doch werden gegenteilige Beispiele noch zur Diskussion stehen. Die „Wahl der Methode" besteht jedoch oft darin, die relativen Anteile der drei Methodengruppen zu verschieben.

Wie noch deutlicher werden wird, lassen sich oft leicht Methodengruppen definieren, ohne daß eine Systematik der Klassifikationsmerkmale angegeben werden kann. Z. B. spricht man von „differentiellen Methoden", „Streu-Methoden", „optischen Methoden", „Transport-Methoden", „Doppelmodulations-Methoden" usw.[6]

Das Bestreben der vorliegenden Arbeit soll es nun nicht sein, etwa ein eindimensionales Ordnungsschema für die Methoden der experimentellen Forschung in der Festkörperphysik anzugeben; zumal das nach Meinung des Autors nicht sinnvoll möglich ist. Es wird vielmehr sehr pragmatisch um allgemeine Feststellungen zu den wesentlichen Methodengruppen und ihre gerätetechnische Realisierung gehen.

Obwohl bisher noch wenig diskutiert, wird das methodische Niveau, d. h. auch das Leistungsvermögen, mit dem eine Methode realisiert werden kann, (wenn nicht sogar, ob sie überhaupt realisierbar ist) vom Stand der Gerätetechnik bestimmt. Nur in seltenen Fällen werden Methoden der experimentellen Forschung abstrakt ersonnen, d. h. ohne eine bestimmte technische Realisierung vor Augen zu haben, und in ganz besonderem Maße stimulieren neue gerätetechnische Möglichkeiten (z. B. der Elektronenrechner, wie noch zu zeigen sein wird) die Erfindung neuer Experimentalmethoden.

6 Dabei ist recht charakteristisch, daß in diesen Fällen synonym zu „... -Methode" im Sprachgebrauch „... -Verfahren", gelegentlich auch „... -Technik" verwandt wird.

3. Zum Stand der Experimental-Methodik in der Festkörperphysik

3.1. Feststellungen

Es seien einige Feststellungen an den Anfang gestellt, die der Autor aus einigen Jahren der Beobachtung dieses Gebiets glaubt ableiten zu können. Wenn sie hier sehr prägnant und ein wenig apodiktisch formuliert sind, so geschieht das der Deutlichkeit halber, nicht eines übertriebenen Anspruchs wegen.

3.1.1. *Die Theorie dieses Gebiets ist soweit fortgeschritten, daß sie immer häufiger zum entscheidenden Faktor bei der Auswahl oder der Entwicklung der Methode wird.*

Im Gegensatz zu „jungen" Disziplinen, wie heute vielleicht einigen Gebieten der Biologie, in denen Begriffe auf Grund von Meßvorschriften (aber zumindest durch diese motiviert) geprägt werden, ist in der Festkörperphysik dieser Zustand fast völlig überwunden, und in zunehmenden Maße sind die grundlegenden Begriffsbildungen von der Theorie ausgegangen. Der heutige Stand ist bis auf Ausnahmen[7] der, daß neue Methoden gefunden (erfunden) werden, um mit der Meßvorschrift dichter an einen grundlegenden Begriff heranzukommen, d. h. die abstrakte Definition ohne große Umwege zu realisieren (s. auch 3.3.). Neben dieser Tendenz kann man weit allgemeiner feststellen, daß der erreichte theoretische Stand auch die Berücksichtigung von Nebenbedingungen – z. B. Größe der zur Verfügung stehenden Probe, ihre Reinheit, ihre Homogenität oder ihre Beständigkeit gegen Umgebungseinflüsse, die verfügbare Meßzeit o. ä. – durch gezielte Entwicklung einer neuen Methode ermöglicht.

3.1.2. *Diese Entwicklung* (3.1.1.) *wird ermöglicht durch einen hohen Stand der Gerätetechnik und speziell der Mikroelektronik, die eine fast unbegrenzte Informationsverarbeitung und hochpräzise Messungen ermöglicht.*

Die Realisierung der unter 3.1.1. erwähnten optimal theorieangepaßten Methodenkonzepte ist heute bei einem breiten Angebot der Gerätetechnik und

7 Deutliche Ausnahmen von dieser Regel waren in „jungen" Gebieten der Festkörperphysik in den letzten zwei Jahren zu beobachten: Auf dem Gebiet amorpher Fest-

vor allem einem fast unbegrenzten Mikroelektronikangebot (custom design) viel leichter möglich als noch vor fünf Jahren. Diese Entwicklung wird aller Voraussicht nach anhalten, ja sich noch verstärken. Während derzeit der schnellste (und auch zeit*ökonomischste*) Weg der Realisierung neuer Methodenkonzepte die Zusammenschaltung fertiger Geräte unter Inkaufnahme erheblicher Redundanz ist, wird sich das custom design weiter durchsetzen. Dadurch entfällt die Redundanz und die dadurch bedingte größere Störanfälligkeit, die insbesondere bei umfangreicheren Gerätesystemen die Realisierbarkeit beeinflussen kann.

Auf Grund der Mikroelektronik-Möglichkeiten und des möglichen Rechnereinsatzes wird es immer üblicher, statt direkter (straight forward) Auswerteverfahren auf zu bestimmende Werte durch Such (try and error)-Prozeduren und Anpaßverfahren indirekt zu schließen (Beispiel in 3.2.). Komplizierte Funktionalgleichungen, die die „Meß"-größe hier also besser „die zu bestimmende" Größe enthalten, werden durch systematisches Probieren aufgelöst.

Die Signal-Rausch-Verbesserung durch Korrelationsmethoden erlaubt heute immer präzisere Messungen sowie response-Messungen, bei denen die „Störung" minimal ist.

Der generelle Aufschwung, der in den letzten Jahrzehnten u. a. durch die Raumfahrttechnik in der Beherrschung extremer Bedingungen (Vakua, Drücke, Temperaturen usw.) erreicht wurde, kommt heute in einem sehr breiten kommerziellen Angebot der schnellen Realisierung theorie-angepaßter optimaler[8] Methoden aufs äußerste entgegen.

3.1.3. *Der Einsatz sich ergänzender Methoden ergibt Aussagen von potenzierter Verläßlichkeit und/oder Eindeutigkeit.*[9]

Dies gilt insbesondere für die Analytik bezüglich Stoff und Struktur und ist in der physikalischen Analysen-Meßtechnik für chemische und biologi-

körper wußte man zunächst nichts anzufangen mit Meßgrößen wie Hall-Konstante oder Thermokraft, die mit den in der Festkörperphysik üblichen Apparaturen leicht gemessen werden konnten. Hier setzte der historische Weg der theoretischen Deutung leicht zugänglicher Meßwerte wieder ein. Dieser Prozess ist bis jetzt noch nicht völlig abgeschlossen.

8 Im mathematischen Wortsinn: unter Beachtung aller Nebenbedingungen ein Extremun ergebend.

9 Diese Methodenmehrzahl kann einem Hinweis von D. Schulze [5] zufolge aus einem „Satz" (ungeordnete Anzahl) oder einer „Folge" (geordnet, da aufeinander aufbauend) bestehen.

sche Zwecke zum Grundsatz erhoben worden. Es ist plausibel, daß die Verwirklichung dieses sicher auch schon früher anerkannten Grundsatzes heute auf der Basis der in 3.1.1. und 3.1.2. skizzierten Fakten leichter möglich ist. Andererseits fördert und fordert dieser Grundsatz die Ausbildung hochspezialisierter bedienungskomfortabler Analysengeräte – ein Trend, der an anderer Stelle noch behandelt wird.

3.1.4. *Produktivität und Effektivität der experimentellen Forschung (nicht nur in der Festkörperphysik) sind auf Grund methodischer und gerätetechnischer Fortschritte viel stärker gestiegen als die (oft beklagten) Instrumentierungskosten – Forschung ist nur scheinbar teurer geworden.*

Der oft geäußerte Eindruck, die experimentelle Forschung sei insbesondere auf Grund der steigenden Instrumentierungskosten teurer geworden, geht wohl darauf zurück, daß tatsächlich die Investitionskosten pro Beschäftigtem in der Forschung in den letzten Jahren wuchsen und das Ergebnis der Forschung nicht quantifiziert (quantifizierbar) ist. Vergleicht man jedoch den Arbeitszeitaufwand „*pro Meßergebnis*" über die letzten zwanzig Jahre, so wird man eine oft 90 bis 99prozentige Reduktion feststellen. Das heißt, die bessere (teurere) Instrumentierung führt zu beträchtlich mehr, verläßlicheren oder vertiefteren Ergebnissen. Da die Instrumentierungskosten keinesfalls um den Faktor 10 gestiegen sind, ist wohl die Feststellung bezüglich einer Effektivitätssteigerung berechtigt. Die Antwort auf die Frage, ob diese gestiegene Anzahl von Meßergebnissen sich in eine gestiegene Erkenntnisausbringung umsetzt, hängt weitgehend von der Sinnfälligkeit der Aufgabenstellung ab und liegt außerhalb der Experimentalmethodik.

Zur Verdeutlichung und anstelle eines nicht führbaren Beweises für die Richtigkeit dieser vier Thesen 3.1.1. bis 3.1.4. werden im folgenden (3.2. ...3.5.) einige Methoden bzw. Methodengruppen, die für die Halbleiterphysik besonders, aber auch allgemeiner für die Festkörperphysik nicht unbeträchtliche Bedeutung haben, vorgestellt.

3.2. Die Messung der Lebensdauer angeregter Ladungsträger in Halbleitern

Hier soll eine Methodengruppe vorgestellt werden, die große praktische Bedeutung besitzt und beispielartig zwei Merkmale deutlich macht, nämlich

– wie stark die Methodenentwicklung vom theoretischen Fortschritt beeinflußt wird,

– wie eine Auswahl unter verfügbaren, gut entwickelten Methoden ganz stark von Nebenbedingungen abhängig ist und oft fern jeder Systematisierung erfolgt.

Die Konzentration an „freien" Ladungsträgern, die zur Leitfähigkeit eines Halbleiters beitragen, wird bestimmt von einem reaktionskinetischen Gleichgewicht zwischen (im Fall des thermodynamischen Gleichgewichts thermisch bedingter) Generation und Rekombination. Dabei „lebt" also ein Ladungsträger (als freies Elektron im Leitungsband oder als freies Loch im Valenzband) im Mittel eine endliche, durch Temperatur und Materialparameter bestimmte Zeit, eben die Lebensdauer. Meßbar ist diese Zeit am einfachsten anhand des An- oder Abklingens einer (infinitesimalen) Störung in der Gleichgewichtskonzentration der Ladungsträger. Tatsächlich machen einige Methoden von dieser gewissermaßen der Definition entsprechenden Meßmöglichkeit Gebrauch. Historisch gesehen, war das freilich nicht der Zugang zu dieser Größe. Das primäre Interesse galt im Zuge der Erfindung des Transistors einer anderen Größe, nämlich der Diffusionslänge von Ladungsträgern, die verbal definiert werden könnte als „die Länge, über der eine am Ort Null erzeugte Nicht-Gleichgewichtskonzentration n auf $1/e$, d. h. etwa 30 Prozent, abgeklungen ist". Diffusionsgeschwindigkeit und Lebensdauer spielen also für diese Größe gleichberechtigte Rollen, und tatsächlich zeigt eine einfache Theorie, daß die Diffusionslänge sich ergibt zu

$$L = \sqrt{D \cdot \tau}\,. \qquad (1)$$

L – Diffusionslänge
D – Diffusionskonstante der Ladungsträger ($D = kT\mu/e$)
kT – thermische Energie
τ – Lebensdauer
e – Elementarladung
μ – Beweglichkeit

Der Definition der Diffusionslänge unmittelbar nachempfunden ist tatsächlich die von Shockley und Haynes 1949 [6] angegebene Methode zur Messung dieser Größe, ein Experiment, das gleichermaßen als Demonstration des Prinzips des Transistors weltbekannt wurde (Abb. 1).

Das Prinzip ist das gleiche bei der sogenannten Travellingspot-Methode, die, ursprünglich von Goucher [7] angegeben, in die Halbleiterphysik auch unter dem Namen Valdes'sche Methode [8] einging (Abb. 2). Die Injektion der Nichtgleichgewichtsträger erfolgt hier auf optischem Wege in der Regel durch Grundgitter-Absorption und dann also in der Form von Elektron-

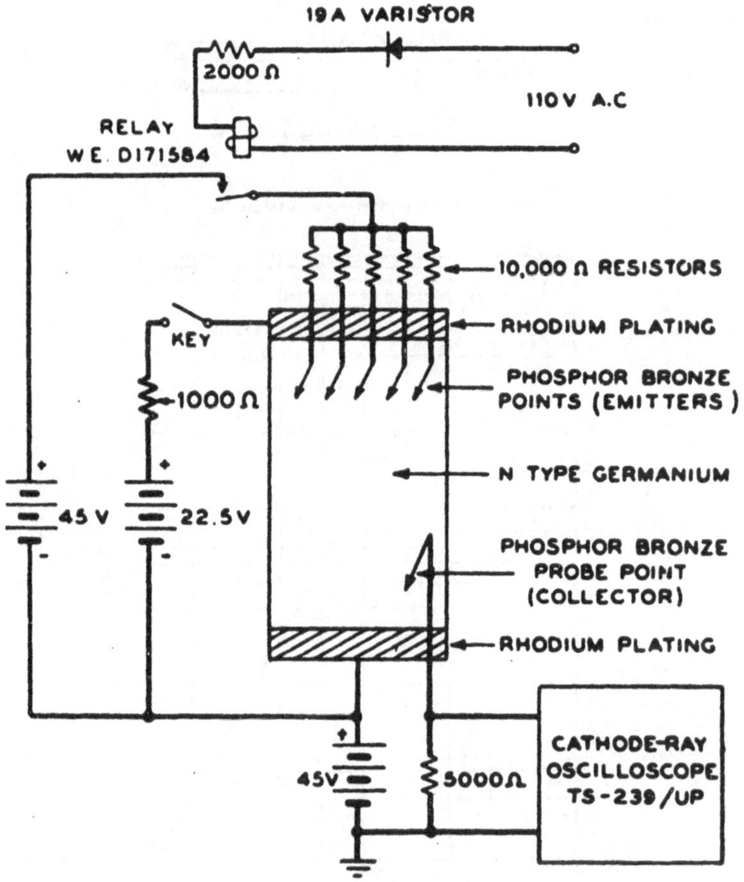

Faksimile-Wiedergabe aus: J. R. Haynes und W. Shockley, Phys. Rev. **75** (1949) 691

Abb.1. Original-Abbildung der Anordnung, mit der Shockley und Haynes Lebensdauer und Beweglichkeit (Diffusionslänge) von Minoritätsträgern in Ge gemessen haben. Die Methode besteht darin, daß Löcher von den „Emittern" injiziert und im „Collektor"-Kreis zeitaufgelöst gemessen werden. Durch Änderung des Abstandes der aufgesetzten Spitze von den Emittern wird die Diffusionslänge direkt gemessen; durch Umpolung bzw. Ein- und Ausschalten der 22,5 V Spannungsquelle kann die Beweglichkeit (und die Ladungsträgersorte) bestimmt werden.

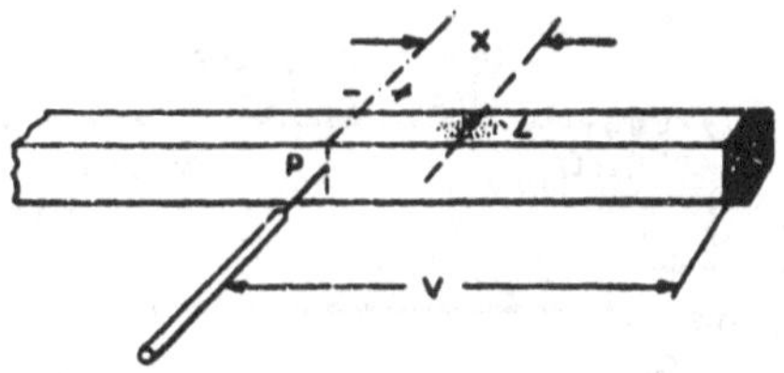

FIG 1. Schematic of experimental arrangement.

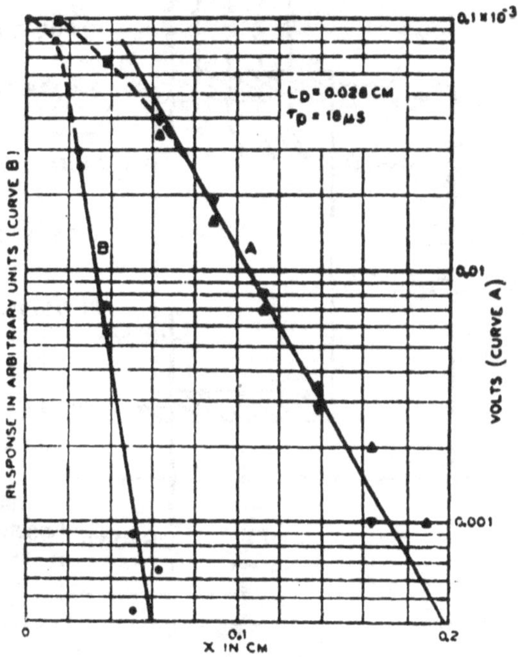

FIG. 2. Curve A—Photo-voltage V vs distance x (both positive and negative values). Curve B—Variation of light intensity in direction x measured from the center of the light spot L.

Faksimile-Wiedergabe aus: F. S. Goucher, Phys. Rev. **81** (1951) 475

Abb. 2. Original-Abbildungen aus der Goucher-Arbeit, in der die Valdes'sche Methode (im Prinzip) erfunden wurde. Kurve *A* zeigt die Abhängigkeit der Fotospannung *V* von der Entfernung *x* zwischen Sonde *P* und Lichtpunkt *L*. Kurve *B* illustriert die Größe des Lichtflecks *L*. Aus der Steigung der Kurve *A* ergibt sich die Diffusionslänge L_D zu 0,028 cm. Aus der zusätzlichen Kenntnis der Löcherbeweglichkeit μ_p = 1700 cm²/Vs folgt die Löcherlebensdauer von 18 μs.

Loch-Paaren, was aber keine zusätzlichen (bestenfalls begriffliche) Komplikationen mit sich bringt. Bezieht man allerdings die immer vorhandene Parallelschaltung von Volumen und Oberfläche in die Auswertung ein, so ist diese Methode keine besonders einfache mehr, was aber durch geeignete Probenpräparation umgangen werden kann.

An diese (gewissermaßen in der Frühgeschichte der Halbleitertechnik entwickelten) Methoden schließt sich in den folgenden Jahren eine Vielzahl von Varianten an, die sich systematisieren lassen, wie dies beispielsweise Abb. 3 zeigt [9]. Während in der oberen Zeile der Abbildung der jeweilige physikalische Effekt angegeben ist, gibt die 3. Zeile (von oben) eine Kurzcharakterisierung der Meßgröße, die durch elektrische oder optische Injektion (2. Zeile) beeinflußt wird. Die weitere Aufschlüsselung weist auf Varianten hin, die praktische Bedeutung erlangt haben. Innerhalb dieser Varianten spielen nun tatsächlich, wie man bei genauerer Analyse, als es hier möglich ist, erkennt, die Nebenbedingungen die dominierende Rolle. Diese können z. B. darin bestehen, daß das zu untersuchende Material hoch- oder niederohmig, gut oder schlecht kontaktierbar ist, große oder kleine Lebensdauern aufweist, ob eine Präzisions- oder eine Routinemessung beabsichtigt wurde usw.

Verfolgen wir zunächst nur eine Entwicklungslinie, nämlich den Einfluß von Nebenbedingungen, weiter: Die sogenannte Schrägschliffmethode von Puff und Jungk [10] zeichnet sich dadurch aus, daß weitgehende Unabhängigkeit vom Einfluß der Oberflächenrekombination und anderer schwer erfaßbarer Parameter durch einen höheren präparativen Aufwand (Anfertigung des Schrägschliffs und Herstellung eines pn-Übergangs) erreicht wird.

Unter gewissen Umständen kann die Situation einem solchen Vorgehen extrem entgegenstehen, z. B. falls die Probe klein ist, wird ein Schleifprozeß und vielleicht sogar eine Kontaktierung ausgeschlossen sein. In der Übersicht der Abb. 3 steht unmittelbar neben der „Schrägschliffmethode" „Oberflächenfotoeffekt". Diese Methode [11] arbeitet kontaktlos und mißt das Zeitverhalten der kapazitiv abgenommenen, an der natürlichen Raumladung der Oberfläche entstehenden Fotospannung bei Belichtung mit hinreichend steilen Lichtimpulsen. Hier muß also praktisch kein Präparationsaufwand mehr getrieben werden; er wird ersetzt durch die Schwierigkeit der Erzeugung von Lichtimpulsen hoher Flankensteilheit.

Ist die Probe jedoch noch kleiner oder aus irgend einem Grunde unzugänglich (Verschmutzungsgefahr, tiefe Temperatur, hohe Drücke o. ä.), so bereitet auch die Anbringung einer kapazitiven Sonde (Abstand $\ll$ 0,1 mm; relativ große Fläche erforderlich!) unüberwindbare Schwierigkeiten. Für diesen Fall wurden die auf einer relativ hoch entwickelten Theorie des Lumineszenzverhaltens aufbauenden Methoden, die in Abb. 3 mit „Lumineszenz-linienform" bezeichnet sind, entwickelt [12]. Die Grundidee stammt von Wittry und Kyser [13]: Regt man einen Halbleiter zur Lumineszenz mit einem (stark absorbierten) Licht- (oder Elektronen-)strahl an, so konkurrieren drei Längen miteinander – Die Anregungstiefe $1/a_0$ (Eindringtiefe der Anregung), die Diffusionslänge L der angeregten Ladungsträger und die Austrittstiefe der Lumineszenzstrahlung $1/a(h\nu)$ (reziproker optischer Absorptionskoeffizient bei der Wellenlänge der Emission). Bereits die Konkurrenz (gleiche Größenordnung) zweier dieser drei charakteristischen Längen führt zu Änderungen in der spektralen Verteilung (und/oder Ausbeute) der Lumineszenz. Kennt man die in der Regel komplizierten Zusammenhänge, die in einem besonders einfachen Fall (monochromatische Anregung) durch [12]

$$I(h\nu) = \text{const} \cdot (h\nu)^2 \exp[-h\nu/kT]\, a(h\nu) \frac{S/D + L^{-1} + a_0 + a(h\nu)}{(S/D + L^{-1})[a_0 + a(h\nu)](a_0 + L^{-1})[a(h\nu) + L^{-1}]}$$

$h\nu$ – Photonenenergie
$a(h\nu)$ – Absorptionsspektrum
S – Oberflächenrekombinationsgeschwindigkeit
a_0 – Absorptionskoeffizient der angeregten Strahlung
const – materialspezifische Konstante
kT – thermische Energie

gegeben werden – wobei $I(h\nu)$ - das Emissionsspektrum, die *Meß*größe, L - die Diffusionslänge, d. h. die gesuchte Größe –, so ist eine best-fit-Auswertung durch Variation der Werte von L bei Vorgabe der anderen Materialparameter möglich. Abb. 4 zeigt, daß tatsächlich eine recht gute Unterscheidbarkeit der Kurven für eine 30prozentige Änderung der angenommenen L-Werte vorliegt [12].

Eine weitere Verbesserung läßt sich (auf Grund des größeren Infomationsangebots) erreichen, wenn man die Variation der Anregungstiefe [14] z. B. durch einen Elektronenstrahl, aber heute auch bequem durch einen Farbstofflaser erreichbar, einbezieht. Abb. 5 zeigt Ergebnisse. Hier kann unterschieden werden, ob die Oberflächenrekombinationsgeschwindigkeit (also die kritischste Größe bezüglich ihrer Variabilität von Probe zu Probe) konstant geblieben ist, bzw. in einer vollständigen Auswertung kann auch diese Größe bestimmt werden.

Dieses Beispiel zeigt deutlich, daß eine gut ausgearbeitete Theorie und die Möglichkeiten des Computerfits eine ganz neue Kategorie von Methoden erschließt: Die zu bestimmende Größe wird nicht mehr aus der eigentlichen

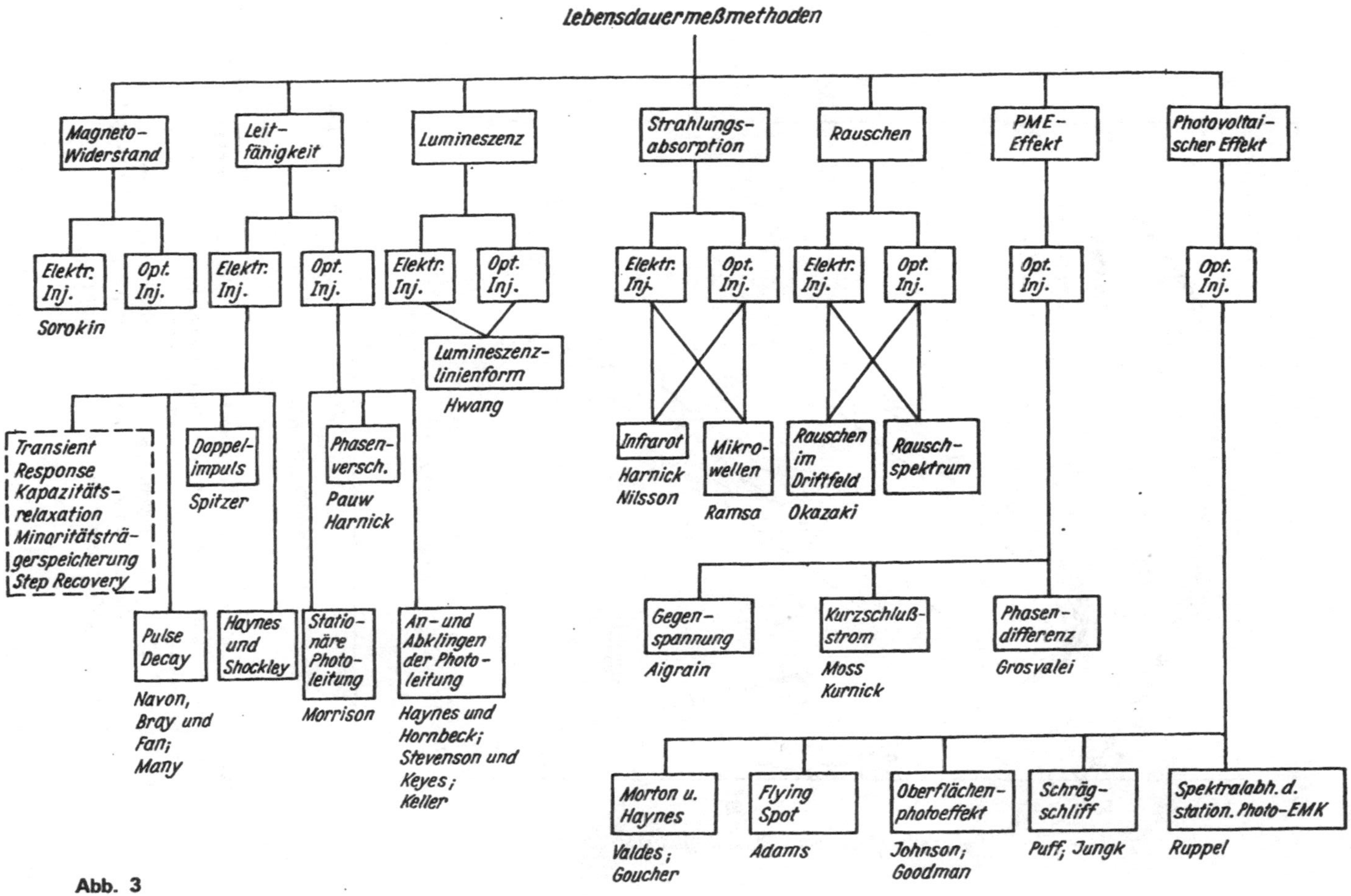

Lebensdauermeßmethoden
Magneto-Widerstand
Leit-fähigkeit
Lumineszenz
Strahlungs-absorption
Rauschen
PME-Effekt
Photovoltai-scher Effekt
Elektr. Inj.
Opt. Inj.
Sorokin
Lumineszenz-linienform
Hwang
Transient Response Kapazitäts-relaxation Minoritätsträ-gerspeicherung Step Recovery
Doppel-impuls
Spitzer
Phasen-versch.
Pauw Harnick
Pulse Decay
Navon, Bray und Fan; Many
Haynes und Shockley
Statio-näre Photo-leitung
Morrison
An- und Abklingen der Photo-leitung
Haynes und Hornbeck; Stevenson und Keyes; Keller
Infrarot
Harnick Nilsson
Mikro-wellen
Ramsa
Rauschen im Driftfeld
Okazaki
Rausch-spektrum
Gegen-spannung
Aigrain
Kurzschluß-strom
Moss Kurnick
Phasen-differenz
Grosvalei
Morton u. Haynes
Valdes; Goucher
Flying Spot
Adams
Oberflächen-photoeffekt
Johnson; Goodman
Schräg-schliff
Puff; Jungk
Spektralabh. d. station. Photo-EMK
Ruppel

Abb. 3

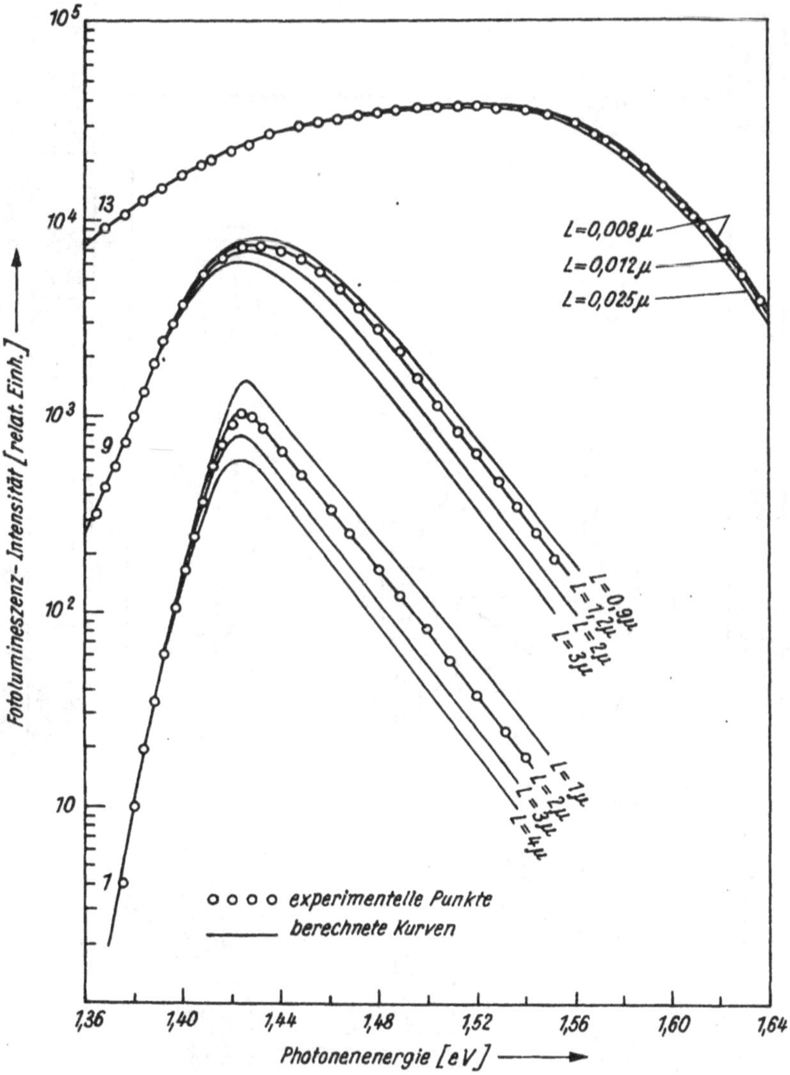

Abb. 4. Die Eindeutigkeit und Genauigkeit der Diffusionslängenbestimmung aus Foto-Lumineszenzspektren (experimentelle Punkte o) wird durch Vergleich mit den ausgezogenen berechneten Kurven für GaAs verdeutlicht [12]. Die verschiedenen Kurvengruppen entsprechen von oben nach unten steigender Dotierungskonzentration: $n = 2 \cdot 10^{16}$; $1{,}6 \cdot 10^{18}$; $6{,}5 \cdot 10^{18}\,cm^{-3}$. Die Temperatur bei der Messung beträgt 300 K.

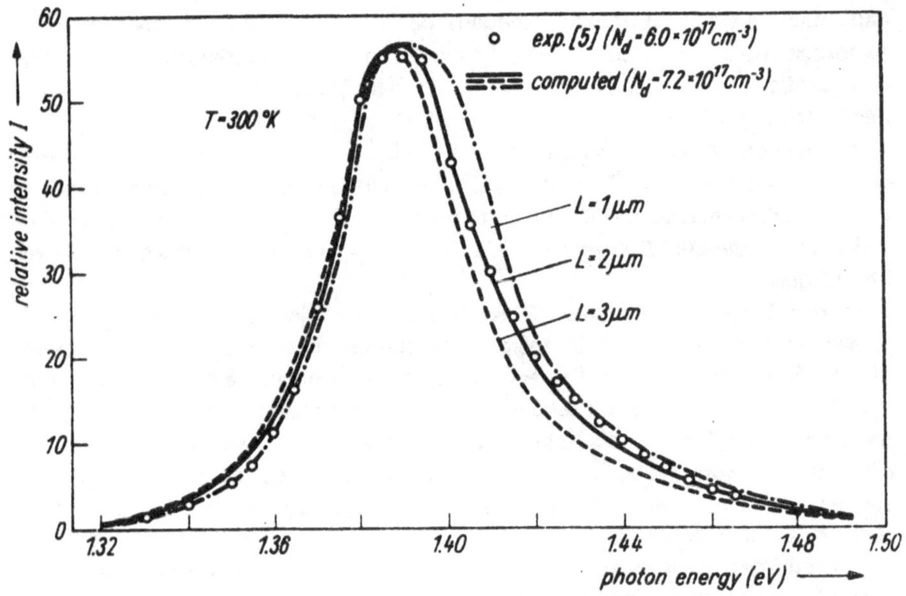

Faksimile-Wiedergabe aus: S. Rakshit u. a. pss (a) **4** (1971) 249

Abb. 5. Berechnete Katodo-Lumineszenzspektren [14] bei der Annahme verschiedener Diffusionslängen L für n-GaAs. Der Vergleich mit den experimentellen Werten o spricht für einen Wert nahe $L = 2\ \mu m$. Die zu den verschiedenen Werten der Diffusionslänge gehörigen Kurven sind im Maximum der Lumineszenzintensität normiert und dem linksseitigen experimentellen Kurvenverlauf durch Verschieben auf der Energieachse angepaßt.

Meßgröße unter Auflösung eines mathematischen Ausdrucks, der beide enthält, nach ersterer gewonnen, sondern der nicht auflösbare theoretische Ausdruck wird durch sukzessives Probieren mit Werten der zu bestimmenden Größe dem Meßergebnis angenähert; der „best fit" ist das Ergebnis der „Messung"[10].

Tatsächlich ist das gewählte Beispiel kein an den Haaren herbeigezogenes oder ein esotherischer Sonderfall, sondern ein extrem praxisnahes: Eine große Herstellerfirma von GaAs-Leuchtdioden (LED) verwendet derzeit eine derartige Methode zur *Routinekontrolle* eines Verfahrenszwischenschritts in der Produktion.

In der Übersicht der Abb. 3 ist bewußt auf eine Unterscheidung in Methoden, die zunächst zur Diffusionlänge führen, und solche, die die Lebensdauer ohne Kenntnis der Beweglichkeit zu bestimmen gestatten, verzichtet worden. Eine derartige Einteilung würde gewissermaßen davon ausgehen, daß man die Beweglichkeit als schwer zugängliche Größe betrachtet oder aber als eine, die von Probe zu Probe wenig konstant ist, so daß die Messung an der gleichen Probe erfolgen muß und beispielsweise eine Kontaktierung sowieso dafür erforderlich wäre. Dies trifft sicher auf eine Reihe von Aufgabenstellungen bzw. Materialien zu und zeigt erneut, daß eine Klassifizierung der Methoden lediglich bezüglich *einer* Aufgabe wirklich durchführbar ist.

3.3. Elektronen - Energieverlust - Analyse (EEVA)

Ist am Schluß des letzten Abschnitts eine optische, kontaktlos arbeitende Methode zur Bestimmung der Diffusionslänge von Ladungsträgern vorgestellt worden, die sich unschwer durch eine zusätzliche Messung der Zeitabhängigkeit der Emission und Auswertung mit Hilfe von Gleichung (1) zu einer Bestimmungsmethode der Beweglichkeit, also einer reinen Transportgröße, ausdehnen läßt, so wollen wir uns nunmehr mit einer *nichtoptischen Methode* zur Bestimmung *optischer Konstanten* beschäftigen. Obwohl diese in der Abschnittsüberschrift benannte Methode (kurz EEVA) noch keine sehr große Verbreitung gefunden hat, ist sie vom Prinzip, besser von der Theorie, her *die* bestgeeignete Methode zu diesem Ziel. Historisch gesehen, stand hier nicht wie im Fall der Diffusionslängenbestimmungen das technische oder zumindest Anwendungsinteresse im Vordergrund oder als Motivation hinter der Entwicklung. Zwei zunächst völlig unabhängige Ziel-

10 Eine kritische Beurteilung der physikalischen Sinnfälligkeit des Computerergebnisses ist notwendig, da in der Regel nicht alle Eventualitäten im Programm berücksichtigt werden können.

stellungen führten in der zweiten Hälfte der sechziger Jahre zu dieser vielvermögenden Methode. In den vierziger Jahren erregten unverstandene materialcharakteristische Energieverluste von einigen 10 eV, die schnelle Elektronen beim Durchgang durch dünne Folien erlitten, das Interesse der Fachwelt. Trotz vieler Lösungsansätze blieb die Klärung dieses Phänomens einer zunächst völlig abstrakten Entwicklung auf theoretischem Gebiet vorbehalten – der Vielelektronen-Theorie. Bindeglied freilich mußte die Theorie des optischen response von Festkörpern sein, die sich in den fünfziger Jahren aus der Maxwellschen Theorie der Elektrodynamik entwickelte. Im Rahmen dieser Theorie wird bekanntlich der Zusammenhang zwischen dielektrischer Verschiebung **D** und elektrischer Feldstärke **E** durch die Dielektrizitätskonstante ϵ gemäß

$$\mathbf{D} = \epsilon \cdot \mathbf{E} \tag{2}$$

vermittelt.

Diese Größe, weit davon entfernt, eine Konstante zu sein, erweist sich bei genauerer Untersuchung zunächst als von der Frequenz des elektrischen Feldes abhängig, natürlich als ein Tensor, aber darüber hinaus für kompliziertere Medien und für nicht verschwindende Frequenzen ist die Beziehung (2) selbst verallgemeinerungsbedürftig zu der Form

$$\mathbf{D}(\mathbf{q}) = \int d^3r' \, \epsilon(\mathbf{r} - \mathbf{r}') \, \mathbf{E}(\mathbf{r}') \tag{3}$$

oder aber zu einer Beziehung zwischen den Fourier-Transformierten der Größen **D** und **E** in der Form

$$\widetilde{D}(\mathbf{q},\omega) = \epsilon(\mathbf{q},\omega) \, \widetilde{E}(\mathbf{q},\omega). \tag{4}$$

Darüber hinaus weist die Theorie diese dielektrische (tensorielle) Funktion $\epsilon(\mathbf{q},\omega)$ als komplex aus $\epsilon = \epsilon_1 + i\epsilon_2$. Diese verallgemeinerte DK ist nun imstande, das Reaktionsverhalten („response") eines Festkörpers auf beliebige einfallende elektromagnetische Strahlung wiederzugeben, also auch das optische Verhalten, d. h. die optischen Konstanten – Brechungsindex n und Absorptionsindex κ – sind über

$$\epsilon_1(\omega) = n^2(\omega) - \kappa^2(\omega) \tag{5}$$

$$\epsilon_2(\omega) = 2n(\omega)\kappa(\omega) \qquad (6)$$

mit $\epsilon(\omega) = \lim_{|q|\to 0} \epsilon(q,\omega)$ verknüpft.

Diese Beziehungen besagen aber bereits, daß es schwierig sein wird, aus optischen Messungen das allgemeine, der *mikroskopischen Theorie zugängliche* Verhalten eines Festkörpers zu bestimmen. Hinzu kommt, daß in der Regel eigentlich nicht einmal $n(\omega)$ und $\kappa(\omega)$ aus Messungen bekannt sind, sondern nur Kombinationen der beiden Funktionen z. B. in der Form des Reflexions-Koeffizienten

$$R(\omega) = \frac{[1-n(\omega)]^2+\kappa^2(\omega)}{[1+n(\omega)]^2+\kappa^2(\omega)} \qquad (7)$$

und auch das nur in einem relativ schmalen ω-Bereich.

Analysiert man jedoch das Problem des Energieverlusts eines schnellen Elektrons beim Durchgang durch Materie (hier speziell durch dünne Festkörperfolien — dünn deshalb, damit jedes Elektron im Mittel nur einen (beliebigen) Energieverlust erleidet), so erhält man [15] das zunächst nicht unbedingt plausible Ergebnis, daß die Wahrscheinlichkeit eines Energieverlustes ΔE bei gleichzeitiger Ablenkung um den Winkel ϑ als $W(E,\vartheta)$ bis auf Proportionalitätsfaktoren durch

$$W(\Delta E,\vartheta) \sim Im\frac{-1}{\epsilon(\mathbf{q},\Delta E)} \qquad (8)$$

mit bekanntem $\mathbf{q} = \mathbf{q}(\vartheta,k)$ gegeben wird, wobei $\mathbf{k}$ der Ausbreitungsvektor des Primärelektrons im kristallographischen Koordinatensystem des kristallinen Probenmaterials ist.

Die Graphik der Abb. 6 zeigt noch einmal das Prinzip dieser Methode, Abb. 7 eine gerätetechnische Realisierung. Fragt man, was dazu nötig ist und was erreicht wurde, so ist die Effektivität der Methode nicht sofort evident: Auf der Aufwandseite eine komplizierte Elektronenoptik, die noch wesentlich über die eines üblichen Elektronenmikroskops hinausgeht, sobald man eine energetische Auflösung besser als 0,5 eV und eine nichtverschwindende Winkelauflösung anstrebt; äußerst stabile elektrische Versorgungseinheiten, kurz gesagt, ein aufwendiges Labor im Wertumfang von etwa einer Million Mark. Auf der Gewinnseite steht die Tatsache zu Buche, daß das Gesamtproblem der Elementar-Anregungen im Vielteilchensystem Festkörper tief angesprochen wurde, und die Abb. 8 zeigt, daß berechtigte Zweifel

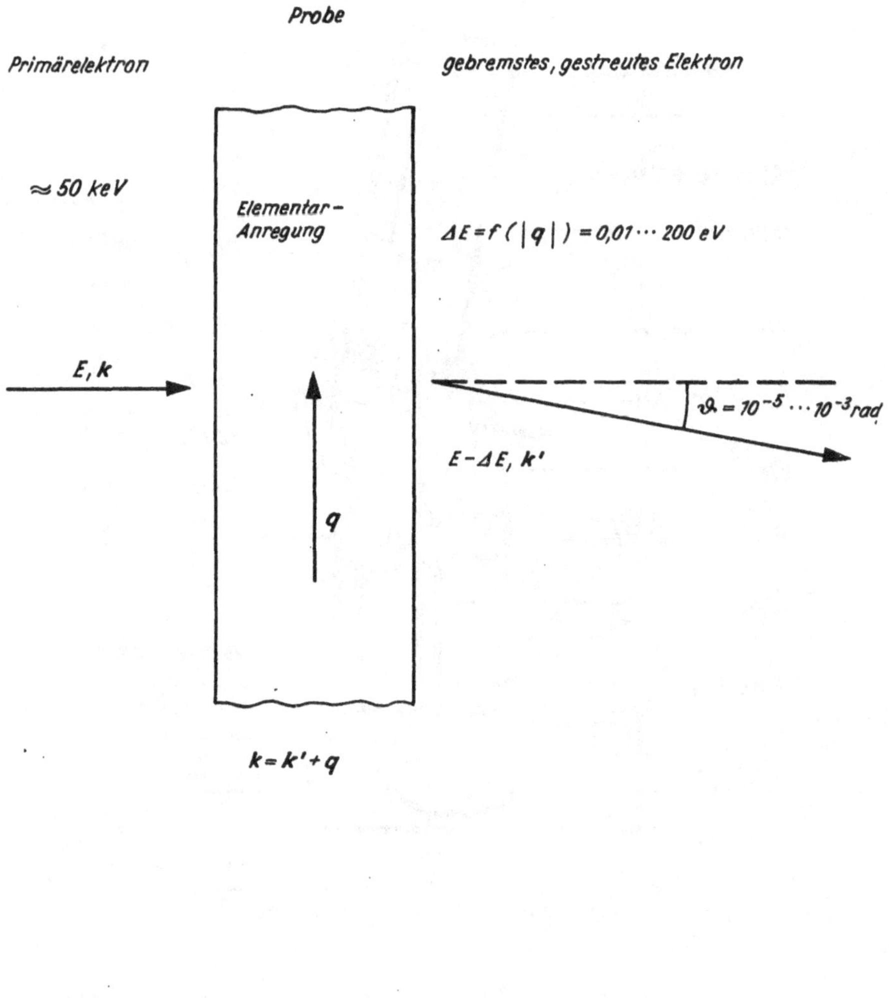

Abb. 6. Prinzip des physikalischen Effekts, der für die Elektronenenergieverluste in Festkörpern verantwortlich ist und zu Aussagen über die durch die Elementaranregungen ΔE, q bedingten optischen Eigenschaften führt.

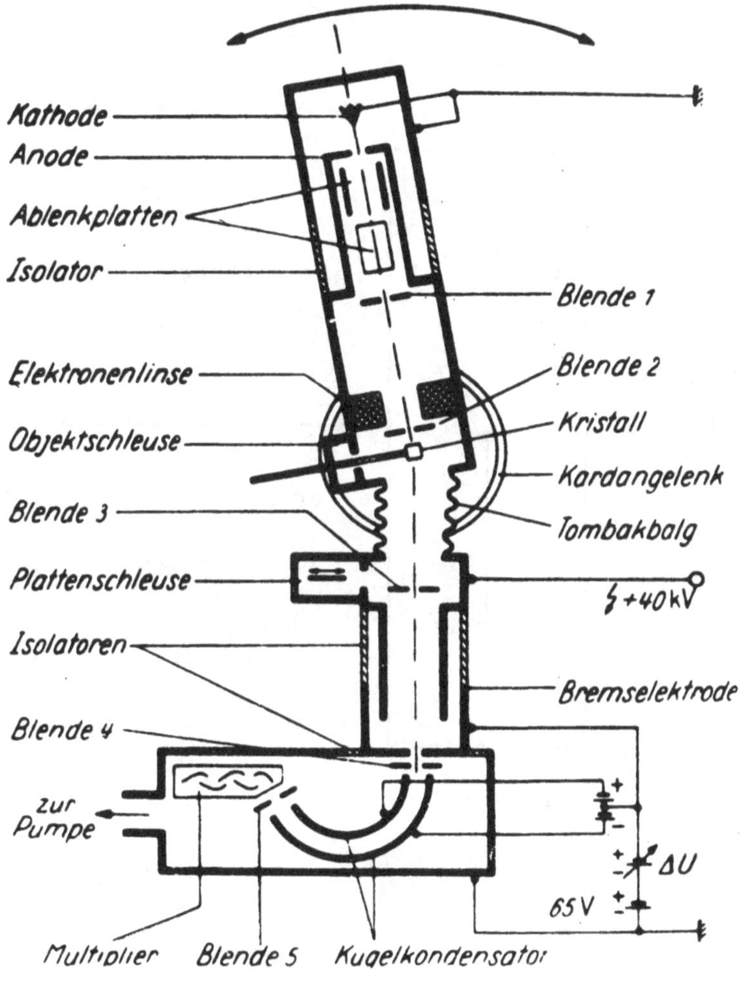

Faksimile-Wiedergabe aus: S. Lohff, Z. Phys. **171** (1963) 442
(1963) 442

Abb. 7. Von Lohff [15] angegebene Anordnung zur Messung der Winkelabhängigkeit von Elektronenenergieverlusten.

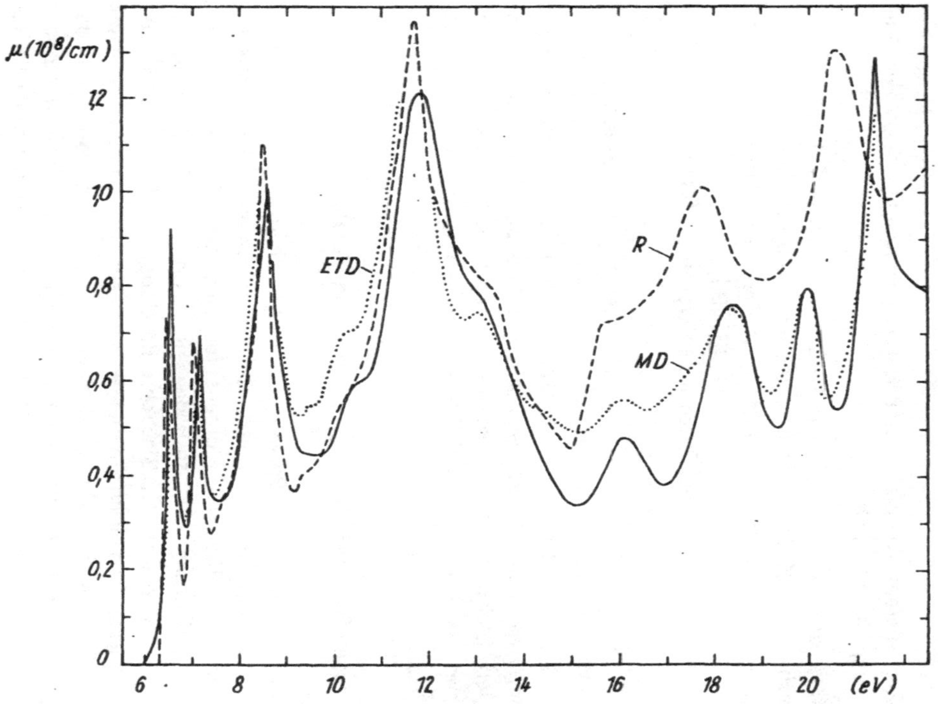

Abb. 8. Optische Absorptionsspektren (Absorptionskoeffizienten μ) von *KBr* wiedergegeben nach Daniels u. a. [15]. Die ausgezogene Kurve ist aus EEVA umgerechnet worden, die gestrichelte bzw. punktierte Kurve stammt aus optischen Messungen verschiedener Autoren (ETD, MD, R).

an der Verläßlichkeit der Bestimmung optischer Konstanten nachgewiesen werden können. Eine neue, zwar aufwendige Methode, aber eine, die möglicherweise revolutionierend wirkt! Darüber hinaus entstand eine Methode, die es erlaubt, sogenannte „räumliche Dispersion", d. h. $\epsilon(\mathbf{q})$ zu untersuchen. Dieser Parameter darf als eine Quantenzahl der Elementaranregung aufgefaßt werden, mit der das schnelle Elektron Energie und Impuls austauscht.

Warum wird diesem Beispiel soviel Raum gewidmet? Nach der Meinung des Autors zeigt es deutlich

- den Einfluß der Theorie auf den Methodenentwurf (3.1.1.),
- die Tatsache, daß Komplementärmethoden mehr ergeben als die Perfektionierung einer Methode, die tatsächlich bei den klassischen optischen Methoden sehr weit getrieben wurde (3.1.3.),
- auch komplizierte, nach der Theorie entworfene Methoden heute relativ leicht realisierbar sind (3.1.2.).

Tatsächlich ist bezüglich des letzten Punktes bei Energieauflösungen von 5 meV und Winkelauflösungen von $2 \cdot 10^{-5}$ rad für Primärenergien von 50 keV die Grenze nicht durch die Technik, sondern durch die Physik gegeben; insofern nämlich, als die Meßzeiten auf Grund der kleinen physikalisch bedingten Elektronenströme so groß werden, daß Messungen sich über Tage hinziehen würden. Doch auf dieses Problem wird später zurückgekommen (4.3.3.).

3.4. Elektronen-Spektroskopie zur chemischen Analyse (ESCA)

Diese Methode — *E*lektronen-*S*pektroskopie zur *c*hemischen *A*nalyse — sei hier angeführt als ein Beispiel dafür, daß eine kommerzielle, gerätetechnische Verfügbarkeit auslösendes Moment für eine beträchtliche Erweiterung und steigende Bedeutung der Methode sein kann. Die ESCA wurde vor mehr als zehn Jahren von K. Siegbahn in Uppsala erfunden [16] als eine Methode zur chemischen Elementanalyse und zur Bestimmung sogenannter chemischer Verschiebungen, die in den Röntgenspektren von Verbindungen lange vorher prinzipiell bekannt waren. Das Neue an dieser Methode war, daß nicht eine Röntgenwellenlänge bestimmt wurde, sondern die Mittel hochpräziser Elektronenenergiebestimmungen eingesetzt wurden, um die kinetische Energie aus dem Material austretender durch Absorption eines in seiner Energie wohldefinierten Röntgenquantes ausgelöster Elektronen zu bestimmen. Aufbauend auf der jahrzehntelangen Tradition der Universität Uppsala in der Röntgenspektroskopie wurden dort unikale Apparaturen dafür entwickelt und gebaut. In der Folgezeit wurden in einigen anderen Laboratorien ebenfalls im Eigenbau derartige Möglichkeiten geschaffen und für die Analyse chemischer Bindungen eingesetzt. In den letzten beiden Jahren, gleichzeitig mit dem Auftauchen kommerzieller Anlagen von zwei US-amerikanischen Firmen, wurde ein ganz neues Einsatzgebiet dieser Methode erschlossen – die *Valenzbandanalyse*. Die Anordnung ist identisch die gleiche wie sie beispielsweise Abb. 9 für einen dieser industriellen ESCA wiedergibt. Während man aber in der Originalmethode nach Röntgenelektronen analysiert, die niedere kinetische Energie haben, d. h. aus kern-nahen Zuständen des untersuchten Atoms stammen, wird hier nahe der Röntgenquantenenergie analysiert, d. h. auf Elektronen, die aus dem flachsten Bindungszustand im Festkörper stammen, also dem Valenzband (Abb. 10). Die Tatsache, daß der Endzustand des Übergangs in bestmöglicher Näherung ein freies Elektron darstellt, erlaubt es bei dieser neuen Methode besser als bei allen anderen, aus der Meßgröße auf die Zustandsdichte des Valenzbandes zu schließen [17]. Eine rapide steigende Anzahl von Veröffentlichungen zu diesem Gegenstand bestätigt diese Einschätzung, aber auch die Feststellungen 3.1.1. und 3.1.2.

3.5. Röntgenabsorptionsfeinstruktur-Spektroskopie (EXAFS)

Ein besonders interessantes und eines der modernsten Beispiele für die theoriebestimmende Konstruktion neuer Methoden bildet die Bestimmung komponentenbezogener Radialverteilungsfunktionen in ungeordneten Festkörpern durch EXAFS (*E*xtended *X*-ray-*A*bsorption *F*ine *S*tructure – „Röntgenabsorptionsfeinstruktur fern der Kante"). Die Feinstruktur der Röntgenabsorption energetisch weit oberhalb der Absorptionskante, d. h. der Energie, bei der gerade eine innere Schale durch das Röntgenquant ionisiert werden kann, beschäftigt seit langem die Physiker [18]. Viele vergebliche Versuche führten schließlich zu der (berechtigten) Annahme, daß trotz der Tatsache, daß der Endzustand des Elektronenübergangs ein dem ganzen Kristall angehörender (Leitungsband)-Zustand ist, die Streuung des angeregten Elektrons an den den unmittelbaren Nachbarn des ionisierten Atoms die Absorptionswahrscheinlichkeit beeinflussen müßte und also die Feinstruktur von der Anordnung dieser Nachbarn abhängen sollte. Da zu dieser Zeit das Interesse an ungeordneten Festkörpern schon sehr hoch war und geeignete Verbindungen in verschiedenen Ordnungszuständen zur Verfügung standen, ergaben Versuche rasch die Berechtigung dieser Annahme. Eine ausführliche Theorie [19,20] folgte und ergab eine neue *Meßmethode*. In Form eines Computerfits (s. auch 3.2.) gelingt es, die auf das Atom (die Atomsorte), aus dessen inne-

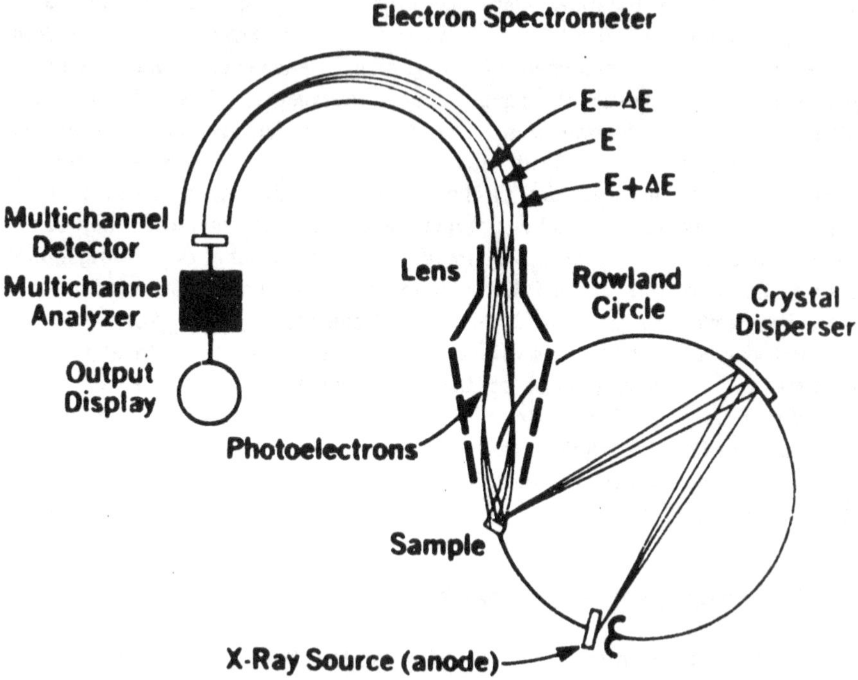

Faksimile-Wiedergabe aus: M. A. Kelley, Ch. E. Tyler, hp-Journal **24** (1973) 11, 2

Abb. 9. In modernen ESCA-Spektrometern [23] wird die Restdispersion des Röntgenmonochromators, die man aus Intensitätsgründen zulassen muß und die eine Variation der Röntgenquantenenergien um etwa 1 eV über der Probe ergibt, durch die Dispersion des Photoelektronen-Spektrometers weitgehend kompensiert. Die resultierende Auflösung beträgt 0,220 eV, die Linienform ist Gaußsch, was die Entfaltung begünstigt. Die schematische Darstellung des Spektrometers zeigt die Elektronenbahnen und den Verlauf der Röntgenstrahlen (X-rays) durch Elektronenoptik und Monochromator.

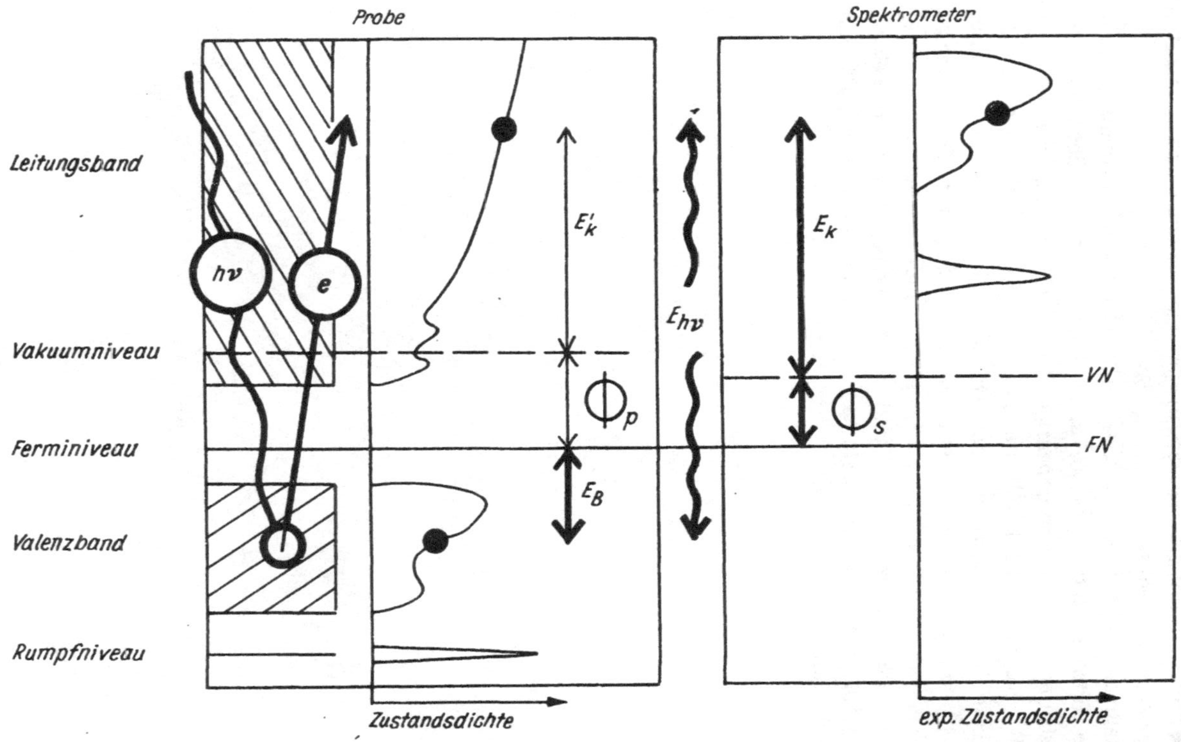

Abb. 10. Der Einsatz der ESCA für die Röntgen-Elektronen-Spektroskopie zur Bestimmung von Valenzband-Zustandsdichten (XPS) [17] geht davon aus, daß bei einer Energie $E_k' \approx 1000$ V über dem Fermi-Niveau keine störenden Strukturen in der Dichte der Endzustände und/oder abrupte Änderungen der Matrixelemente die Bestimmung komplizieren.

rer Schale die Absorption erfolgt, bezogene Wahrscheinlichkeit anzugeben, in einer bestimmten Entfernung von diesem ein weiteres Atom vorzufinden (Radialverteilungsfunktion).

Diese Meßmethode hat in den zwei Jahren seit ihrer Erfindung zu beträchtlichen Erfolgen geführt, so u. a. zu einem Theorem über die Art der Entmischung von zweikomponentigen Verbindungen bei der Amorphisierung [20]. Sie stellt die bis heute einzige verfügbare Methode zur Bestimmung von Abweichungen von der atomaren Unordnung in mehrkomponentigen Amorphen und in Legierungen dar und liefert die wichtigste Ausgangsgröße jeder Theorie elektronischer Zustände solcher Stoffe. Die Gültigkeit der Feststellungen 3.1.1. und 3.1.2. dürfte auch hierbei eklatant sein; 3.1.4. wird insofern bestätigt, als hierbei ein vorher „unbezahlbarer" Informationsgewinn auftritt.

4. Zum Stand der Gerätetechnik

Man kann an dieser Stelle der Meinung sein, in der Überschrift des Kapitels müßte stehen „... der Festkörperphysik". Der Autor verzichtet jedoch auf diesen Zusatz aus gutem Grund: Die Gerätetechnik ist heute schon kaum mehr disziplinär aufspaltbar. Ganz besonders im Sinne der in 3.1. geschilderten Meßplatzzusammenstellung aus kommerziellen Geräten, wie sie in vielen physikalischen Disziplinen vorherrscht, wird „schamlos" der Primärzweck des Geräts außer acht gelassen, und es werden selbst Baugruppen und Geräte für Medizin oder Biologie in der Festkörperphysik eingesetzt, wenn dies vorteilhaft erscheint. In bestimmten Ausnahmefällen kann man natürlich von disziplinspezifischen Ausrüstungen sprechen, insofern, als beispielsweise ein Reaktor nicht zum primären Gerätebedarf der Festkörperphysik gehört, aber andererseits eine Menge vormals kernphysikalischer Anlagen durchaus „übernommen" wurde. So gehört das Zyklotron (in der Form des „Speicherrings") als beste Quelle weicher Röntgenstrahlung durchaus heute in den Gerätepark der Festkörperphysik, und die Beschleuniger zur Ionenimplantation kann man schon als halbleiterphysikalische, ja, sogar weitgehend schon als halbleitertechnische Geräte bezeichnen. Dieses naturwissenschafts-weite Einzugsgebiet der festkörperphysikalischen Gerätetechnik entspricht dem Umstand, daß nach einer US-amerikanischen Statistik [21] keine andere physikalische Disziplin so intensiv Kader mit der wissenschaftlichen Umgebung austauscht wie die Festkörperphysik.

Oben wurde schon auf eine gewisse Ausnahmestellung der sogenannten Analysenmeßtechnik, d. h. der Methoden und Geräte für die Analyse von Zusammensetzung und Struktur, vorwiegend in Chemie und Biologie, hingewiesen. Es ist hier zweckmäßig, darauf erneut einzugehen. Diese Methoden entstammen in der Regel der physikalischen Forschung, sind physikalische Methoden der chemischen Analytik; sie arbeiten zerstörungsfrei und heißen fast alle Spektrometer: Elektronenspinresonanz-, Kernresonanz-, Mössbauer-, ESCA-, Auger-, Infrarot-, Raman-, Fourier- und Elektronen-Spektrometer; daneben gibt es Sekundärionen- und andere Massen-Spektrometer, die nicht zerstörungsfrei vorgehen.

Diese hochspezialisierten, konfektionierten und perfektionierten, mit hohem Bedienungskomfort und oft mit Steuerrechnern ausgerüsteten Geräte stellen eine für die festkörperphysikalische Forschung *nicht-charakteristische* Entwicklung dar. Beide Gründe für die recht starre Verkopplung der Einzelfunktionen zum Großgerät sind fast ausschließlich für die chemische Analytik relevant:

- unproblematisches Arbeiten in Routineprogrammen (letztere im Sinne einer „eingebauten" methodischen Erfahrung)
- Erzielung extremaler Ergebnisse (bezüglich Empfindlichkeit, Auflösung, Schnelligkeit o. ä.) durch optimiertes Zusammenspiel der Einzelfunktionen.

Statt der starren Verkopplung solcher Gerätesysteme in Großgeräte dürfte in der festkörperphysikalischen Forschung der mehr und mehr prozeßrechner-geführte oder überwachte Meßplatz, der den wechselnden Bedürfnissen leicht angepaßt werden kann, weiterhin dominieren, da eine Stationarität des methodischen Niveaus und Zustandes noch längst nicht abzusehen ist.

In diesem erläuterten Sinne seien aus der folgenden Betrachtung die Großgeräte ausgeklammert. Selbstverständlich geht auch ansonsten der Geräteeinsatz weit über die referierte Breite hinaus. Es ist jedoch weder einfach möglich, noch wäre es sonderlich „leserfreundlich", Vollständigkeit an dieser Stelle anzustreben.

4.1. Elektronische Meßtechnik

Es dürfte außerhalb allen Zweifels stehen, daß ein großer Teil des Fortschritts auf methodischem Gebiet in den letzten zehn Jahren von den wachsenden Möglichkeiten elektronischer Geräte bestimmt wurde. Es ist anzunehmen, daß das noch einige Zeit so bleiben wird, da der im folgenden zu schildernde Stand noch bei weitem nicht an allen Stellen, an denen er Fortschritt bezüglich der Meßaufgabe bedeuten würde, realisiert ist. Noch weniger sind die Voraussetzungen geschaffen, um diesen Stand voll zu nutzen[11].

4.1.1. Oszillographie

In der Oszillographie ist der Fortschritt der letzten zehn Jahre besonders deutlich. Anfang der sechziger Jahre wurde er bestimmt durch die damals technische Reife erlangende, 1955 erfundene stroboskopische oder Sampling-Oszillographie. Nur für periodische oder fast periodische Vorgänge relativ hoher Wiederholungsfrequenz sinnvoll einsetzbar, hier aber scheinbare Bandbreiten von 18 GHz bzw. Anstiegszeiten von 20 ps bei Empfindlichkeiten

11 Maßgebliche Elektronikproduzenten schätzen ein, daß die Weiterentwicklung des Geräteangebots heute durch die nicht-schritthaltende Ausbildung des eigenen Verkaufspersonals, aber auch der Kunden gebremst wird.

von 10 mV/cm erlaubend, erweiterte sie die Empfindlichkeits-Bandbreitenprodukte in einem Jahrzehnt um mehr als den Faktor 2000. Fast hundertfache Verbesserung wurde aber auch für einmalige Vorgänge erreicht in der Realzeitoszillographie, nämlich auf heute käufliche 500 MHz (0,7 ns) bei 10 mV/cm. An dem letzteren Fortschritt haben zwei voneinander unabhängige Fortschritte wesentliche Anteile: die Verbesserungen in der Verstärkertechnik, die durch bessere Halbleiterbauelemente möglich wurden und die Entwicklung von hochempfindlichen Oszillographenröhren. Hand in Hand mit diesem Fortschritt ging eine erhebliche Diversifikation der Oszillographie zur Universalmeßtechnik: Einschubgeräte, mit denen man digital auswerten, frequenz-analysieren (sowohl spektral als auch zählend) und sowohl realzeit- als auch sampling-oszillographieren kann, bestimmen heute das Angebot. Gleichzeitig bieten sich für den Allzweckeinsatz im Meßplatz hervorragende Möglichkeiten durch in der Regel vorhandene Doppel- bzw. Verzögerungskippgeräte, die eine Zeitsteuerung aller möglicher Funktionen, die Verwendung präziser Sägezahnspannungen und breiter Impulse, elektronischer Schalter und verschiedener Triggerungen ermöglichen. Man kann z. Z. wohl nichts Preisgünstigeres für die physikalische Experimentiertechnik erhalten als moderne Oszillographen, deren Einsatzmöglichkeiten sich tatsächlich potenziert haben.

4.1.2. Impulserzeugung

Der Fortschritt auf diesem Gebiet ist im Vergleich zur Oszillographie, wo man von einer neuen Qualität sprechen kann, nicht so auffällig. Bei Kabelgeneratoren mit mechanischen Schaltern (Reed-Relays) oder Avalanche-Transistoren ist in der Regel lediglich eine Flanke wirklich schnell, d. h. etwa 0,1 ns; die Pulsdauer wird durch die Kabellänge begrenzt und daher bei einer µs schon unbequem. Dadurch ist bei einem Spannungsbedarf oberhalb etwa 10 V (in 50 Ohm) die Messung des schnellen Abklingverhaltens aus relativ langsam erreichten stationären Zuständen mit kommerziellen Geräten kaum möglich. 10 V (in 50 Ohm) mit Flanken kleiner gleich 1 ns und praktisch beliebiger Breite sind dagegen übliche Technik und haben oft bereits die bequeme Möglichkeit, kontinuierlich einstellbarer (verschlechterbarer) Flankensteilheit.

Höhere Spannungen bei elektronisch bestimmter, auch großer, Breite und bei Anstiegsflanke gleich Abstiegsflanke gehen in (an Hand der Bauelementesituation eigentlich unverständlich) starker Weise auf Kosten der Flankensteilheit. Typisch sind 50 V (in 50 Ohm) bei 7 ns bzw. 100 V bei 10 – 15 ns, wobei auch die Breite des Angebots mit zunehmender Spannung rasch abnimmt.

Ganz wesentlich für viele physikalische Experimente waren Doppelimpulsgeneratoren oder Modul-Generatoren mit Möglichkeiten zur Erzeugung beliebiger Impulsgruppen. Merkwürdigerweise ist offensichtlich nicht genug Bedarf und/oder Phantasie der Geräteindustrie vorhanden, um Doppelimpulsgeneratoren mit scannendem Zweitimpuls anzubieten. Ebenso unverständlich ist das fast völlige Fehlen extern oder zeitlinear intern variierender Impulsamplituden zur schnellen Darstellung von Spannungs-Abhängigkeiten. Beides sind Möglichkeiten, die der heutige Stand der Gerätetechnik, möglicherweise aber nicht die Applikation oder das methodische Wissen der Anwender erlaubt.

4.1.3. Sinusspannungserzeugung

Bei den Sinusspannungserzeugern dürfte mit den Synthesizern vor fünf Jahren ein vorläufiger Abschluß der Entwicklung erreicht worden sein. Hochpräzise Frequenzwahl ($< 10^{-8}$) und geregelte Ausgangsamplitude, Programmierbarkeit und hohe Reproduzierbarkeiten aller Einstellwerte erfüllen hier praktisch alle sinnvollen Forderungen der Festkörpermeßtechnik. Der Frequenzumfang der entsprechenden Gerätesysteme von 0,01 bis 10^9 Hz dürfte ebenfalls voll befriedigen.

4.1.4. Schmalband-Meßtechnik

Die breiteste Anwendung moderner elektronischer Meßtechnik in der Halbleiterphysik darf man wohl der Schmalbandmeßtechnik mit phasenempfindlicher Detektion nachsagen. Die Erfindung dieser „lock-in"-Technik hat sich dabei auch als Wegbereiter eines neuen methodischen Zweiges erwiesen, der noch behandelt werden wird: Die Modulations- oder differentiellen Methoden. Unabhängig davon ist die Meßgrenze überall dort, wo die lock-in-Technik zur Rauschunterdrückung eingesetzt wurde — und das betrifft fast alle Gebiete der Festkörperphysik — um Größenordnungen verbessert worden. Messungen bei Signal/Rauschverhältnissen von 1 : 100 sind heute üblich, und die verarbeitbaren Eingangsspannungen (Signal) liegen im Nanovolt-Bereich. Freilich sind die Frequenzen allgemein relativ niedrig ($\leq$ 200 kHz), ohne daß ein ersichtlicher Grund technischer Art vorliegt, nicht wenigstens eine Größenordnung höher zu gehen.

Die Entwicklung, die sich in den letzten beiden Jahren abzeichnet, erweitert die Einsatzmöglichkeiten oder besser gesagt die methodischen Möglichkeiten enorm: „Vektor-lock-in": Das bedeutet, daß neben in üblicher phasenempfindlicher Schmalbandmeßtechnik gewonnener Amplitudeninformation die Phaseninformation konserviert und gegen das Referenzsignal gemessen wird. Eine Idee, die so simpel und so einleuchtend ist, daß man sich wundert, daß nicht schon zehn Jahre vorher versucht wurde, sie zu realisieren: Wer wirft eigentlich schon gern Informationen fort?

Eine weitere neue Entwicklung auf dem lock-in-Gebiet ist die Digitalisierung des Verfahrens, dort wo sie sich anbietet, d. h. wo die Meßinformation in Form von Einzelimpulsen vorliegt: z. B. die phasenempfindliche Einzelphotonzählung. Hier würde man allerdings dem Sinn nach besser von einer Einzelphotonzählung mit intermittierender Nulleffektmessung sprechen.

4.1.5. Boxcar-Integratoren

Eine wesentliche Verallgemeinerung der lock-in-Technik stellt der boxcar-Integrator dar: Hier wird zu einer durch einen Trigger bestimmten Zeit für eine wählbare Dauer eine wählbare Integrationszeitkonstante freigegeben, deren „Entladung" außerhalb der Torzeit verhindert ist, so daß also während der Pausenzeiten der Integrationsvorgang ausgeschaltet ist; ein lock-in für kleine Tastverhältnisse gewissermaßen. Führt man das Tor langsam durch die gesamte oder einen Teil der Signal-Periode, so erreicht man damit eine Frequenztransformation der wiederkehrenden Anteile, d. h. des Signals, nicht des Rauschens, wobei die Echtzeitauflösung natürlich durch die Torbreite begrenzt und von dem Produkt Integrationszeitkonstante mal Phasenvorschubgeschwindigkeit beeinflußt wird. Diese Variante stellt praktisch eine Sampling-Oszillographie mit einstellbarer Samplelänge und „smoothing" (Integration) dar; die Ausgabe erfolgt auf xy-Schreiber. Freilich sind die Kosten an Meßzeit für Signal/Rauschverbesserungen die (informationstheoretisch) üblichen — sie sind dem Quadrat der letzteren proportional.

Bei den Geräten ohne Phasenvorschub — sample and hold — kann man heute auf außerordentlich preiswerte integrierte Schaltkreise zurückgreifen, wenn man sich mit Torzeiten von minimal 100 ns, Haltezeiten von maximal 100 s und Integrationszeiten bis etwa 1 s zufriedengibt. Hochgezüchtete Geräte erreichen bei sonst gleichen Daten Torzeiten von 2 ns. Das gleiche gilt für phasenverschiebende komplette Sampling-Konverter, wobei allerdings in Anbetracht der maximalen Vorschubperioden von etwa 100 min, Haltezeiten von 1000 s erreicht werden. Damit sind praktisch alle Ansprüche der festkörperphysikalischen Meßtechnik befriedigt, wobei allerdings möglicherweise eine wahlweise Ladungsempfindlichkeit in manchen Anwendungsfällen vorzuziehen wäre, um die Empfindlichkeit an Stromquellen zu erhöhen.

4.1.6. Korrelatoren

Die beiden letzten Abschnitte behandelten schon wichtige Ausschnitte – praktisch verselbständigte Teilgebiete – der Korrelationsmeßtechnik. Auf diesem Gebiet dürfte der Fortschritt in vollem Gange, Beträchtliches gegenüber dem Stand von 1960 erreicht und weitere Fortschritte stärker applikativ als technisch begrenzt sein. In der allgemeinsten Form

$$S_{xy}\,(t) = \lim_{T \to \infty} \int_{-T}^{+T} x(t - \tau)\, y\,(\tau)\, d\tau \qquad (9)$$

eine beliebige Integraltransformation, dürfte diese Operation in endlicher Zeit schlecht ausführbar sein. Aus diesem Grund praktisch auf periodische Funktionen beschränkt, läßt sich diese Operation sowohl analog als in den neueren Geräten auch vorzugsweise halbdigital mit großer Genauigkeit (z. B. für hundert Stützstellen in τ) ausführen. In der Regel ist es bei derartigen Geräten möglich, sich die sukzessive Bildung des Grenzwerts auf einem display anzusehen. Moderne Geräte arbeiten teilweise auch nach einem Zufalls-Sampling-Verfahren und werten nach Wunsch charakteristische Kenngrößen wie mittlere Schwankung, Mittelwerte usw. digital oder analog aus.

Besonders wichtige Anwendungsgebiete dieser Geräte werden in rasch steigendem Maße erschlossen; es sind das neben response-Messungen komplizierter Anlagen mit Hilfe kleiner Rauschsignale, die Beurteilung von Rauscheigenschaften, vor allem aber die Kohärenz- oder Korrelationsbeobachtungen an komplizierten physikalischen Objekten selbst.

Der Frequenzumfang ist vorläufig noch begrenzt, üblicherweise auf etwa 1 MHz, aber eine rasche Weiterentwicklung darf hier erwartet werden. Die Eingangsempfindlichkeiten liegen bei 50 mV, sind jedoch erst dann wirklich von Interesse, wenn der Frequenzumfang auf das Hundertfache steigt. Im Verarbeitungsaufwand eingeschränkte Versionen von Korrelatoren mit dem Ziel der Rauschminderung sind bis zu Frequenzen von etwa 10 MHz auf dem Markt, z. B. als hundertfache sample-and-hold, in dem also gewissermaßen die Korrelationsfunktion einer Eingangsspannung mit hundert äquidistanten Deltaimpulsen gebildet wird. In derartigen Geräten existieren sowohl digitale als auch analoge Integrationsmöglichkeiten.

4.1.7. Digital-Voltmeter

Bei den Digital-Voltmetern ist wohl eine gewisse Beruhigung des technischen Standes auf einem Niveau eingetreten, das besser ist als die Definition der

Spannungs-Einheit. Eine Genauigkeit von 10^{-5}, absolut und ohne großen Aufwand außer einer Temperaturkorrektur bei den Spitzengeräten, eine Auflösung von 10^{-5} oder 10^{-6} und etwas schlechtere Reproduzierbarkeit bei den Mittelklassegeräten erfüllen die Ansprüche der üblichen Meßtechnik vollauf. Wesentlich erscheint, daß praktisch alle derzeit angebotenen Geräte im direkten Bereich mit einigen Volt Vollausschlag Eingangswiderstände im Giga-Ohm-Bereich aufweisen, echt über die Meßzeit integrieren und erdfrei mit hoher Gegentaktunterdrückung, d. h. praktisch störfrei, arbeiten, und die hohe Empfindlichkeit dadurch ausnutzbar wird. Auf dieser Basis entstanden auch einige Digital-Nanovoltmeter und natürlich viele Abkömmlinge der niedrigeren Genauigkeitsklassen in der Form sogenannter Multimeter (Strom, Widerstand, Spannung usw.). Meßwert-erfassungsfreundlich sind die Digital-Voltmeter mit automatischer Bereichswahl, die neben dem digitalen Meßwert den Bereich ausgeben oder gleich den Absolutwert der Spannung.

Eine gewisse Entwicklung darf noch erwartet werden auf dem Gebiet der Wechselspannungs-Konverter bzw. Wechselspannungs-Digitalvoltmeter, aber ansonsten erfüllt wohl der derzeitige Stand die Ansprüche auch hochpräziser physikalischer Meßtechnik.

4.1.8. Analog-Digital-Wandler (ADC)

Dem Digital-Voltmeter eng verwandt, verzichtet der ADC in der Regel auf eine visuelle Ausgabe des Meßwerts und stellt ihn nur in einem Digital-Code zur Weiterverarbeitung zur Verfügung. Praktisch jedes moderne Digital-Voltmeter tut ein gleiches, parallel zur visuellen Ausgabe. Dennoch ist hier durchaus kein befriedigender Stand der Technik oder eine Stationarität der Entwicklung erreicht. Für die digitale Meßwerterfassung verlangt man oft hohe Wandlungsgeschwindigkeit. Das derzeit Übliche ist eine Taktfrequenz von 100 MHz, woraus sich bei vorgegebener Genauigkeit (Auflösung) etwa die Wandlungszeit ergibt, also z. B. bei 8 bit = 256 Stufen ein Zeitbedarf von etwa 3 μs. Spitzenwerte von 10 ns Zeitauflösung werden in manchen Geräten erreicht, wobei hier einige sample-and-holds mit dieser Torzeit und nachfolgenden ADC's im Multiplexbetrieb eingesetzt werden.

Es ist zu erwarten, daß in Kürze zumindest Taktfrequenzen bis 2 GHz eingesetzt werden, so daß hier eine beträchtliche Weiterentwicklung bevorsteht.

4.1.9. Festverdrahtete Kleinstrechner

Eine spezielle Klasse von elektronischen Geräten ist in den letzten fünf Jahren auf dem Markt erschienen unter Namen wie „Signal-Averager", „Vielkanalanalysator", „Transient-Analyzer" usw. Es handelt sich dabei um Kleinstrechner mit Analog-Digitalwandlern unterschiedlicher Art, oft sehr speziell für den Einsatz in der Medizin, der Kerntechnik oder Biophysik zurechtgemacht. In der Regel leisten diese Geräte weniger als ein mit entsprechender Prozeß-Interface ausgestatteter Kleinrechner, der ebenso teuer, aber sehr viel universeller, d. h. frei-programmierbar, einsetzbar ist. Es bleibt abzuwarten, ob diese Art von Geräten einen beständigen Markt finden wird, wenn ja, sicher nicht vorwiegend in der physikalischen Grundlagenforschung, es sei denn, der sich bei einigen Typen abzeichnende Trend zu größerer Flexibilität setzt sich durch.

4.2. Wandler

Auf dem Gebiet der Wandler hat sich in den letzten Dezennien ein wohl fundamentaler Wandel angebahnt. Auf Grund der phantastisch gestiegenen Möglichkeiten der Signalverarbeitung ist man nicht mehr darauf angewiesen, nach möglichst linearem Zusammenhang zwischen zu messender Größe und elektrischem Ausgangssignal zu suchen; auch die Unabhängigkeit von einfach zu erfassenden Störgrößen interessiert nicht mehr in dem Maße. Dieser Wandel vollzieht sich still und ohne große Deklamationen in praktisch allen festkörperphysikalischen Labors. Dabei wird beispielsweise die Temperatur einer Meßprobe oft aus irgendeinem gut bekannten Verhalten (z. B. einer optischen Struktur) der Probe selbst ermittelt und also auf einen externen Wandler überhaupt verzichtet.

Während diese Wandlung in der Auffassung der Wandler durch die Physiker sich unterschwellig vollzieht, gab es beträchtlich wissenschaftlich-technischen Aufwand für die Entwicklung neuer spektakulärer Wandler für Licht und Schall in elektrische Ausgangsgrößen.

4.2.1. Fotoempfänger

Eine Quantenausbeute von etwa 0,8 ... 0,95 wird heute von Si-Fotodioden und fast auch von den modernen Fotokatoden von Sekundärelektronenvervielfachern erreicht. Hinzu kommt eine beträchtliche Erweiterung des spektralen Bereichs, der im ersteren Fall von etwa 0,4 ... 1,1 μm, im Fall der SEV's von 0,25 ... 0,85 μm reicht. Letzteres wird sowohl von Multialkalikatoden, ganz besonders aber von GaAs-Katoden erreicht. Die Konsequenz der hohen Quantenausbeuten ist nicht nur in der Empfindlichkeitssteigerung, sondern in einer wesentlichen Verbesserung der Rauscheigenschaften zu sehen. Auch die Schnelligkeit der Empfänger wurde weiter verbessert und erreicht bei Spitzenprodukten 1 ns. Im Fall der Fotodioden dürfen weitere, wenn auch nicht so spektakuläre Verbesserungen durch den Einsatz der Ionenimplantation in der Fertigungstechnik erwartet werden.

Eine noch gar nicht abschätzbare Bedeutung kommt dieser und auch den Si-Planartechniken in anderer Hinsicht zu: Reihen (Zeilen) oder Raster von Fotodioden mit Abständen bis (bis jetzt) herab zu etwa 20 μm mit hoher Gleichmäßigkeit der Kenndaten sind auf Grund dieser technologischen Fortschritte möglich geworden. Teils auf dem gleichen Si-Chip, teils damit verschaltet, werden Multiplexer in der Form von Schieberegistern gefertigt, die eine Parallel-Serienumsetzung der innerhalb einer Abfrageperiode in der Diodensperrschicht gespeicherten Lichtsummeninformation erlauben. Die Intensitätsinformation einer Zeile (von bis zu 500 Fotodioden) wird also ebenso wie die Bildzeileninformation einer Fernsehaufnahmeröhre als Analogspannung mit Taktfrequenzen zwischen 100 kHz und einigen Hz zur Verfügung gestellt. Ganz neue spektroskopische Methoden werden damit möglich (s. 4.3.3.). Die naivste Anwendung freilich ist die heute übliche: EDV-Belegleser bzw. optische Positionierhilfen für selbstregelnde Systeme.

4.2.2. Akustische Transducer

Noch vor fünf Jahren glaubte man, daß ein Konversionsverlust von 40 ... 80 dB der notwendige Preis sei, um hochfrequente, Longitudinal- bzw. Transversalschwingungen in einen Festkörper zu transduzieren und ein entsprechendes elektrisches Signal wieder zu entnehmen. Drei Entwicklungen haben diese Konversionsverluste drastisch herabgesetzt: a) Der aufgedampfte Dünnfilmtransducer kontrollierter Dicke (mit kontrolliertem Elektrodenmaterial, falls das Substrat ein Isolator) — 30 ... 40 dB/2 Transducer. b) Der Sperrschichttransducer, der eine (möglicherweise kompensierende) Dotierung des Substrats ausnutzt, um einen Transducer aus dem gleichen Material zu machen, falls dieses sowieso ein Halbleiter ist — 15 ... 25 dB/2 Transducer. c) Die Anregung von Oberflächenwellen mit Hilfe von Interdigitaltransducern — 4 ... 10 dB/2 Transducer.

Die letzte Entwicklung ist natürlich primär nur für die Oberflächenwellenphysik von Bedeutung, dort allerdings tatsächlich beträchtlich. Man darf jedoch erwarten, daß diese Entwicklung erhebliche Konsequenzen in der gesamten HF-Signalverarbeitung haben wird — z. B. für die Bildung von Echtzeitkorrelationsfunktionen und ähnliche Verarbeitungsschritte hoher Kompliziertheit.

4.3. Optische Experimentiertechnik

Hier darf durchaus von einem revolutionierenden Einfluß der Quantenelektronik gesprochen werden. Dies gilt direkt durch die Verfügbarkeit von Lasern als optische Experimentiermittel, aber auch indirekt, indem die Quantenelektronik die kommerzielle Verfügbarkeit von optischen Bauelementen und Geräten „stimuliert" hat, an die vorher kaum zu denken war.

4.3.1. Lichtquellen

Selbstverständlich standen die neuen Laserlichtquellen zunächst der Quantenelektronik selbst als Forschungsmittel zur Verfügung. Relativ zögernd erfolgte der Einsatz in den übrigen Gebieten der Festkörperphysik. Dies hat seinen Grund z. T. darin, daß diese Lichtquellen noch nicht voll durchentwikkelt waren und gleichermaßen als Forschungsmittel *und* Forschungsgegenstand dienten. Heute sind sie aus der Halbleiterphysik als Anregungsquellen nicht wegzudenken. In der Form von Impulslichtquellen haben insbesondere der N_2-Superstrahler und die Hochleistungs-Rubin- und Neodym-Laser (letztere im allgemeinen in 2-Photonenabsorption oder frequenzgedoppelt eingesetzt) das Gebiet der hohen Anregungsdichten in den letzten Jahren soweit auszubauen gestattet, daß man grundlegend neue Einsichten in das Verhalten von Elementaranregungen bei hohen Dichten (z. B. Bose-Einstein-Kondensation) und deren Wechselwirkungen gewinnen konnte. Mit diesen neuen Lichtquellen sind Anregungsraten oberhalb 10^{30} Elektron-Lochpaare/$cm^3 s$ möglich geworden, d. h. absorbierte Leistungen von 10^{12} W/cm^{-3} (die übrigens oft zu keiner Materialschädigung führen!). Von noch größerer Bedeutung für die Zukunft der Festkörperspektroskopie (siehe auch 5.2.) dürfte die Entwicklung der durchstimmbaren Farbstofflaser sein. Damit steht endlich eine hochintensive Lichtquelle zur Verfügung, und zwar sowohl stationär als auch mit Leistungen im Kilowattbereich als Impulslichtquelle (für einige ns). Die Entwicklung dürfte jedoch hier längst nicht am Ende sein. Für die Festkörperphysik wesentlich sind kürzere Wellenlängen, d. h. also weitere UV-Laser und Farbstoffe, die weiter ins UV reichen. Der akustooptische Modulator hat eine Entwicklung eingeleitet, die den cw-Laser zu einer schnellen, gepulsten Quelle *wählbarer* Pulsbreite und -frequenz macht. Das sind erhebliche methodische Vorteile. Auch diese Entwicklung dürfte jedoch noch nicht am Ende sein.

4.3.2. Bildwandler

Der elektronenoptische Bildwandler hat – kontinuierlich weiterentwickelt seit etwa zwanzig Jahren – nunmehr eine Perfektion erreicht, die durch die Daten: Zeitauflösung 10^{-9} s, Ortsauflösung 40 Zeilen/mm und Verstärkungen von $10^2 \ldots 10^3$ pro Stufe grob umrissen werden kann. Dabei ist sicher nicht die spektrale Wandlung das Hauptanliegen in der physikalischen Experimentiermethodik, sondern in der Regel die Zeitauflösung. Seine Hauptbedeutung lag bislang in der Plasmaphysik und in der Quantenelektronik, aber auch die Festkörperphysik profitiert zunehmend von diesen Möglichkeiten.

4.3.3. Optische Vielkanaltechnik

Bereits bei der Kurzcharakterisierung der Si-Fotoempfänger wurde über eine neue Entwicklung gesprochen, die möglicherweise zu einer Revolution in der optischen Spektroskopie führen wird – der OMA oder Optical Multichannel Analyzer.

Die konventionelle Spektrometrie verschenkt oft einen Faktor 100 bis 1000 an Meßzeit, indem der Detektor nur bei einer Wellenlänge registriert und also die 100 bis 1000 benötigten spektralen Meßpunkte nicht gleichzeitig, sondern nacheinander produziert. Stellt man sich eine Fernsehaufnahmeröhre (z. B. ein Superorthikon) in der Plattenebene eines Spektrographen angeordnet vor, so erhält man bei einem stationären Spektrum ein Zeilensignal, das dieses Spektrum wiedergibt. Entsprechend der Spalthöhe ist das Signal über viele Zeilen wiederholt; geeignete Weiterverarbeitung führt zur Rauschminderung. Die Darstellung des Spektrums kann im einfachsten Fall auf einem üblichen Fernsehmonitor erfolgen und erlaubt die Beobachtung von Änderungen des Spektrums mit einer Zeitauflösung von 20 ms (Abb. 11). In dieser Version wird der OMA tatsächlich kommerziell angeboten [22]. Der Einsatz der unter 4.2.1. erwähnten Fotodiodenzeilen bzw. -raster für derartige Zwecke dürfte jedoch nur noch eine Frage von Monaten sein.

Wesentlich für alle derartigen Geräte ist die vollständige Speicherung der Intensitätsinformation über eine Abfrageperiode. Dies ist auch die Zeit, über die das Spektrum stationär sein muß, oder aber die Emissionszeit muß klein sein gegen die Abfrageperiode. Der phantastisch erscheinende Vorteil ist die Verkürzung der Meßzeit um einen Faktor, der gleich der Anzahl der Detektoren ist, ohne Signalrauschverschlechterung. Zusätzlicher Gewinn ist die Tatsache, daß die gesamte Anordnung nur über eine Abfrageperio-

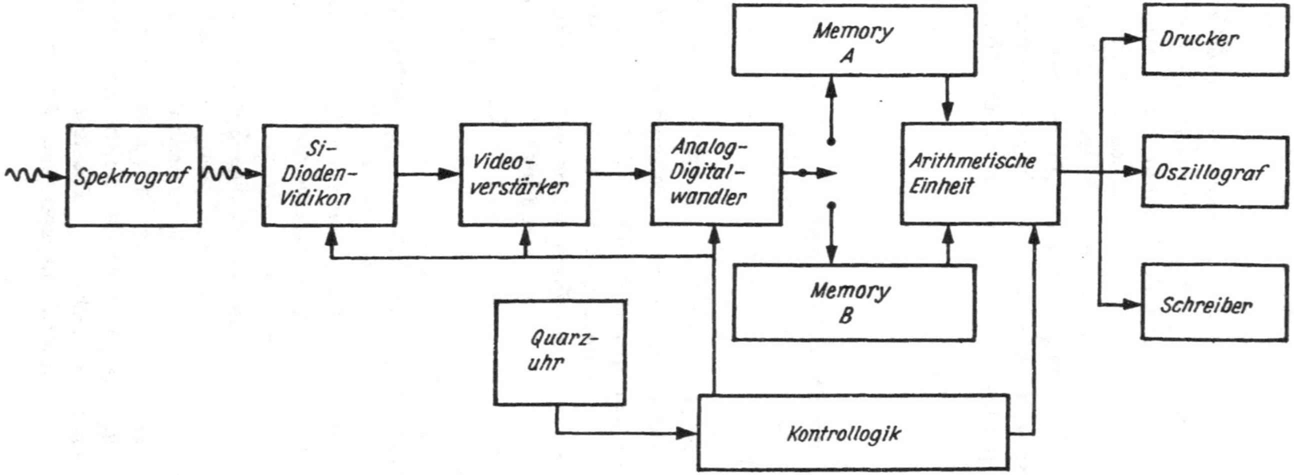

Abb. 11. Im ersten kommerziellen optischen Vielkanalanalysator [22] wird das zu registrierende Spektrum auf ein Si-Dioden-Vidikon, das in der Plattenebene eines Spektrographen steht, abgebildet. Die Zeilenabtastrichtung des Vidikons entspricht dem Wellenlängenmaßstab, die Bildkipprichtung der Spalthöhe. Elektronische Mittelung über die Spalthöhe und dem Vidikon-Prinzip inhärente Zeitmittelung über eine Bildperiode ergeben eine Rauschminderung, die hier noch zusätzlich durch einen Vergleich der belichteten Bildfeldhälfte (memory A) mit einer unbelichteten (memory B) verbessert wird. Die Ausgabe erfolgt über Oszillographen oder Digitaldrucker.

de stabil zu sein braucht[12], und daß z. B. in der chemischen Analysenmeßtechnik eine „zeitaufgelöste Analytik" den Reaktionsablauf zu beobachten gestattet.

In diesem Zusammenhang sollte nicht unerwähnt bleiben, daß diese Vielkanal-Detektor- oder Multidetektor-Technik nicht auf sichtbare Strahlung beschränkt ist. Das modernste kommerzielle ESCA-Gerät (3.4.) benutzt Vielkanal-Sekundärelektronenvervielfacher zur Erhöhung der „Lichtstärke" bzw. Meßzeitverringerung (Abb. 12), und durch einen besonderen Trick kann dieses gleiche Hilfsmittel auch für die Verbesserung der Auflösung eingesetzt werden [23] (was nicht so sehr verwundert, da physikalisch eigentlich nur das Produkt aus Auflösungsvermögen und Meßzeit festgelegt ist).

4.4. Tieftemperaturtechnik

Ein sehr großer Teil der festkörperphysikalischen Grundlagenerkenntnisse der letzten Jahre wurde durch Experimente bei tiefen Temperaturen erzielt, bei denen Phononeinflüsse gering sind. Mit großem Erfolg wird die Temperaturvariation der Probe als zusätzliche Aussagequelle in das Experiment einbezogen, aber der Bereich der He-Temperaturen 1,4 ... 4,2 K bringt oft die klarsten Aussagen. Kann sich die Probe aus irgendwelchen Gründen nicht im flüssigen Gas (Helium, Wasserstoff, Neon oder Stickstoff) befinden, so ist die große Unsicherheit solcher Experimente die Bestimmung der Temperatur der Probe. Verläßlichste Methode ist dabei die kontaktlose optische Messung der Probentemperatur. Das supraleitende Bolometer scheint einen entscheidenden Fortschritt gebracht zu haben — erlaubt es doch eine Genauigkeit von 0,1 K im He-Temperaturbereich mit der noch vor kurzem phantastisch erscheinenden Zeitauflösung von 0,2 μs!

Während der Bereich größer gleich 1,4 K sicher beherrscht wird, geht der Trend zu tieferen Temperaturen, aber der sehr rasch steigende Aufwand dürfte diesen Methoden vorläufig keine allzu große Verbreitung sichern.

12 Das gilt, genauer gesagt, dann und nur dann, wenn keine Rauschminderung durch Mittelung über mehrere Perioden beabsichtigt ist oder Nichtlinearitäten nicht zu erwarten sind.

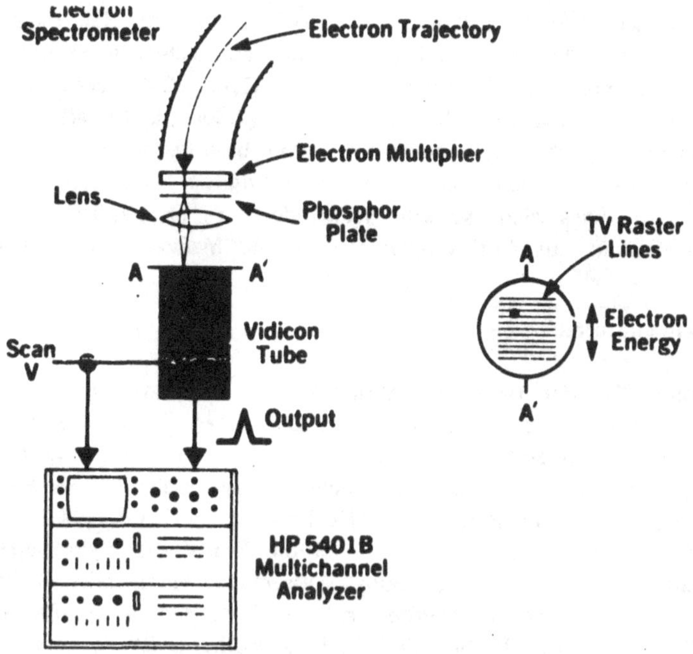

Faksimile-Wiedergabe aus: M. A. Kelley, Ch. E. Tyler, hp-Journal **24** (1973) 11, 2

Abb. 12. Im bereits erwähnten ESCA-Spektrometer [23] wird ein 262facher Gewinn an Meßzeit dadurch erreicht, daß in der Spaltebene des Elektronen-Spektrometers 262 „gleichzeitig aktive Spalte" durch eine Kanalelektronen-Vervielfacherplatte ersetzt werden, und die vervielfachten Einzelelektronen auf einer Lumineszenzschicht (phosphor plate) Lichtsignale auslösen, deren örtliches Nebeneinander von einem Vidikon in ein zeitliches Nacheinander umgesetzt und in einem Vielkanalanalysator über viele scans gemittelt wird.

5. Einige wichtige Methodengruppen

Ähnlich subjektiv wie das Statement des gerätetechnischen Standes ist eine Auswahl wichtiger derzeit in stürmischer Weiterentwicklung befindlicher Methodengruppen. Man könnte versucht sein, an dieser Stelle von einem „progressiven Kern der festkörperphysikalischen Meßmethodik" zu sprechen, bestände dabei nicht die Gefahr, daß man damit das bisher Referierte abqualifiziert. Es sei trotzdem versucht, eine wertende Auswahl zu treffen, zumindest um Kritik und Ergänzung herauszufordern und dadurch zu lernen.

5.1. Differentielle Methoden

Insbesondere in der Festkörperspektroskopie findet seit etwa zehn Jahren eine Anzahl von Methoden Anwendung, die man gemeinsam auf Taylor [24] zurückführen kann. Entwickelt man eine Funktion $f(x)$ in einer Umgebung der Stelle x_0, so ergibt sich

$$f(x) = f(x_0) + \sum_{n=1}^{\infty} \frac{(x - x_0)^n}{n!} f^{(n)}(x_0). \tag{10}$$

Die zusätzliche Idee, die nötig war, aus dieser rein mathematischen Erkenntnis eine Meßmethode zu machen, besteht darin, zu fordern

$$x - x_0 = a \sin \omega t. \tag{11}$$

Damit wird also

$$f(x) = f(x_0) + \sum_{n=1}^{\infty} \frac{a^n}{n!} \sin^n (\omega t)\, f^{(n)} (x_0) \tag{12}$$

oder

$$f(x) = f(x_0) + \sum_{n=1}^{\infty} (c_n \sin n\omega t + dn \cos n\omega t), \tag{13}$$

wobei z. B.

$$c_1 = a \,[f'(x_0) + \frac{3a}{8} f^{(3)}(x_0) + \ldots]$$

ist, d. h. für $a \ll 1$ ist die Amplitude der Grundwelle im response f auf eine Modulation der Störung um die Stelle x_0 proportional der ersten Ableitung der Funktion f an der Stelle x_0. Betrachtet man beispielsweise f als das Reflexionsspektrum bei der Wellenlänge $\lambda \equiv x$, so ist bei sinusförmiger zeitlicher Modulation der Wellenlänge die Grundwelligkeit der reflektierten Intensität (die Amplitude des Signals mit der Modulationsfrequenz) proportional der Änderung des Reflexionsvermögens an der Stelle λ. Man schneidet also mit derartigen Methoden alle konstanten Anteile, in denen kleine Änderungen sonst untergehen würden, weg und hebt Strukturen heraus, etwas, was Anliegen der Spektroskopie seit je war. Abb 12a gibt ein Beispiel dafür, welche Struktur aus einem wenig auffälligen Reflexionsspektrum (Kurve b) durch diese Methode „herauspräpariert" werden kann [25].

Die Reflexionsspektren sind ein klassisches Anwendungsgebiet für die differentielle Methode, wobei man zwischen „äußerer" und „innerer" Modulation unterscheidet. Die Modulation der Wellenlänge wäre die äußere (gesehen von der Probe her). Moduliert man die Eigenschaften der Probe, z. B. durch zeitperiodische Änderungen eines elektrischen Feldes, des Drucks oder der Temperatur, so spricht man von innerer Modulation, die jedoch in einer gewissen nullten Näherung die analoge Wirkung einer Wellenlängenverschiebung einer Struktur haben kann und also ähnliche Form wie ein „wirklich" differentielles Spektrum. Abb. 13 gibt ein bekanntes Beispiel aus der Literatur wieder [26].

In vielen anderen Zweigen der Spektroskopie sind differentielle Methoden, meist allerdings mit äußerer Modulation, eingeführt und etabliert. Prominentestes Beispiel ist die Auger-Spektroskopie, bei der das Gegenfeld eines Zylinder-Spiegel-Analysators (CMA) mit einer kleinen Wechselspannung überlagert wird, wie es schon viel früher in der Sekundäremissionsmessung üblich war.

Zu exorbitanter Präzision wurden die Modulationsverfahren bei der Vermessung der Fermi-Flächen von Alkalimetallen gebracht. Diese nur sehr wenig von Kugeln abweichenden Fermi-Flächen fast freier Elektronen konnten nur mit Hilfe einer Doppelmodulationsmethode in der de-Haas van-Alphen-Technik vermessen werden, um die durchaus systematischen Abweichungen von der Kugelgestalt quantitativ zu erfassen [27].

Ohne Übertreibung darf man behaupten, daß derartige Methoden zu den genauesten zählen, deren die Festkörperphysik fähig ist. Die lock-in-Technik (4.1.4.) stellt kommerziell hochentwickelte Geräte dafür zur Verfügung; die in deren neuester Generation möglichen Phasenmessungen beinhalten weitere Informationen.

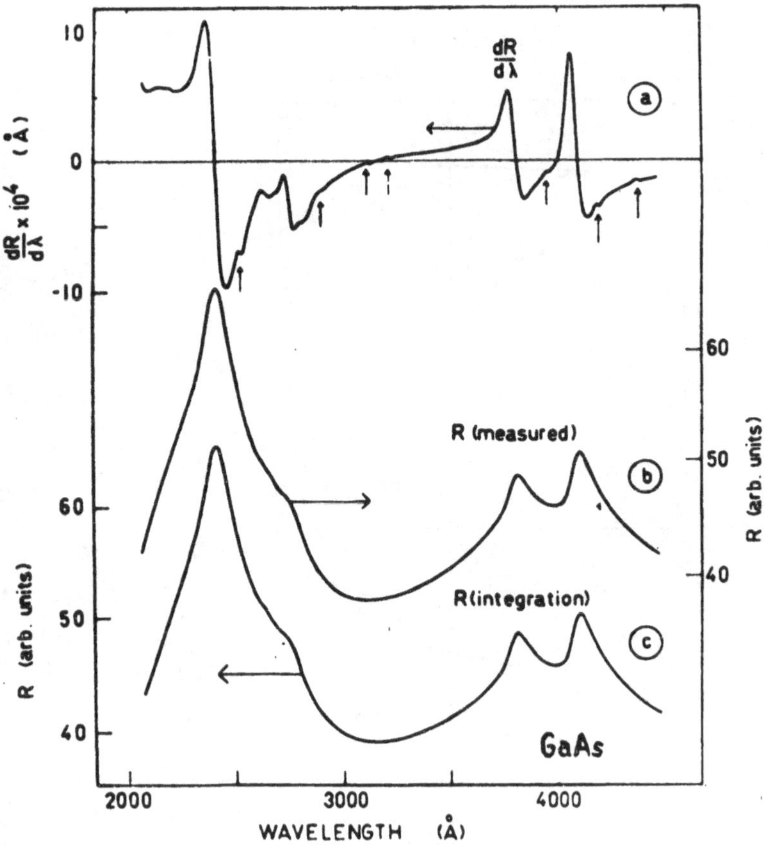

Faksimile-Wiedergabe aus: R. Zucca, Y. R. Shen, Appl. Optics **12** (1973) 1293

Abb. 12a. Reflexion von GaAs bei 4,2 K [25]. Das differentielle Reflexionsspektrum (a) enthält zwar noch Störungen durch Linien der Xe-Lichtquelle (|), jedoch macht es Strukturen deutlich, die in (b) sehr verborgen sind. (c) entstand durch numerische Integration aus (a).

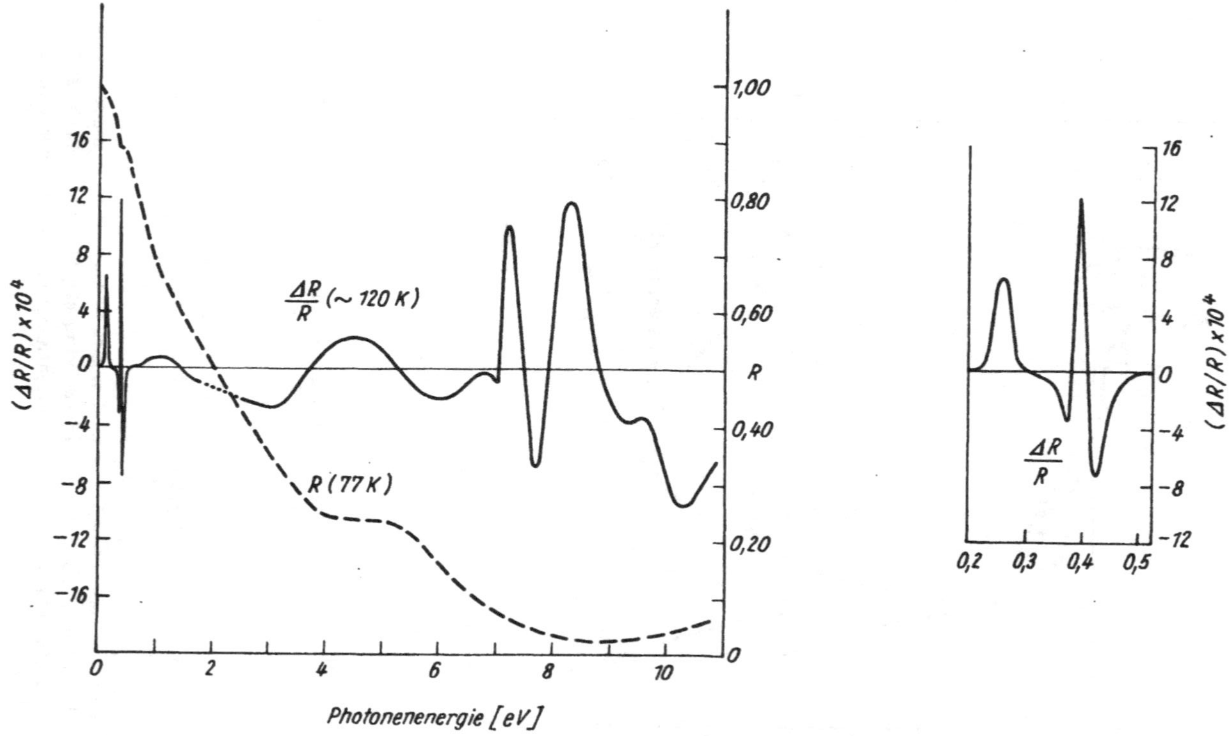

Abb. 13. Reflexionsspektrum (gestrichelt) und Thermoreflexionsspektrum von Ni nach Hanus u. a. [26].

5.2. Streu-Methoden

Versteht man Spektroskopie als Messung der Wechselwirkung von (elektromagnetischer) Strahlung mit Materie, in unserem Fall mit einem Festkörper, so wird heute die Reflexions- bzw. Transmissionsmessung theoretisch gut verstanden (bis auf die Berücksichtigung der Oberfläche der Probe), und wie unter 3.3. ausgeführt, steht eine wohlfundierte Methode zur Bestimmung der diesbezüglich informativsten Größe, nämlich der dielektrischen Funktion $\epsilon(q,\omega)$ zur Verfügung – EEVA. Letztere ist Element einer Klasse von Methoden, für die man ebenfalls eine stark zunehmende Bedeutung vorhersehen darf – die Streumessungen.

Streumessungen, vielleicht am bekanntesten die Raman-Streuung – im Festkörper die Vermessung von Frequenzen optischer Phononen –, besitzen sehr viel größeren Informationsgehalt als andere optische Untersuchungen. Im Wechselwirkungsprozeß Photon ± Festkörper-Elementaranregung → Photon, bei der eine Elementaranregung erzeugt oder vernichtet wird, gelten Energie- *und* Impulssatz. Es gelingt also nicht nur, die Energie der wechselwirkenden Elementaranregung zu bestimmen, sondern auch deren wichtigste Quantenzahl, den Quasiimpuls oder die Wellenzahl.

Am erfolgreichsten wurde diese Überlegenheit wohl in der Brillouin-Streuung an akustoelektrisch verstärkten Phononen in Piezoelektrika demonstriert. Wegen der Kleinheit der Photon-Impulse freilich auf wenige $10^{-5}\,cm^{-1}$ beschränkt, erlaubt es die Brillouin-Streumessung Richtungs- und Energieaussagen über die elektronisch verstärkten Phononen zu machen, d. h. $n(q)$ zu bestimmen. Die dazu entwickelten Experimentiertechniken (Abb 14)[28] basieren auf dem He-Ne-Laser und der Vermessung der Richtungsabhängigkeit der Streuung; in einigen Fällen wurde eine interferrometrische Energieauflösung in Anspruch genommen. Dabei werden gleichzeitig folgende Auflösungswerte erreicht: energetisch 0,1 μV, räumlich 2^0, örtlich 0,1 mm, zeitlich 0,1 μs! Wichtige Voraussetzung dafür ist allerdings die außerordentlich hohe Phonondichte, die bei diesen Verstärkungsprozessen in den sogenannten „akustoelektrischen Domänen" erreicht wird [29].

Generell darf man sagen, daß die Verfügbarkeit hinreichend stabiler Laser in den verschiedensten Wellenlängengebieten den Streumessungen – ganz gleich ob Raman-, Brillouin-, Raman-Nath-, Rayleigh- oder sogenannte elektronische Raman-Streuung [30] – wesentlichen Auftrieb gegeben hat. Dies ist nicht auf die Festkörperphysik beschränkt, aber gilt dort in einer vielleicht bislang unerwarteten Weise auch für Probleme, die zunächst nicht für eine derartige Behandlung optimal erscheinen: Die Ermittlung thermodynamischer Daten beispielsweise wird in Zukunft wohl weitgehend auf op-

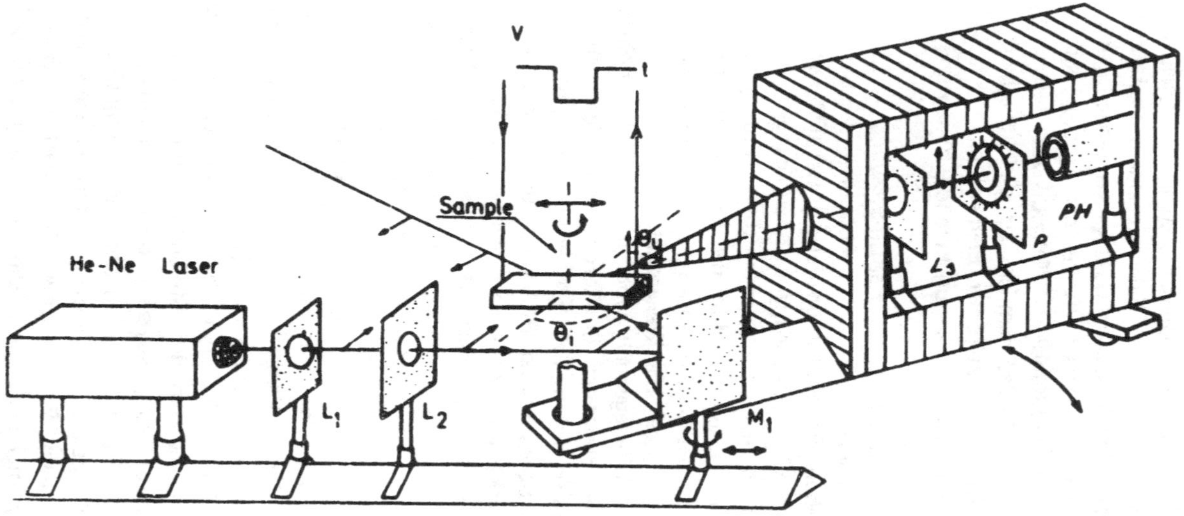

Experimental set-up for Brillouin scattering

L : lens , M : mirror , P : polarizer , PH : photomultiplier

Faksimile-Wiedergabe aus: N. I. Meyer, M. H. Jörgensen, Festkörperprobleme X, 21, Akademie-Verlag, Berlin 1970

Abb. 14. Experimentelle Anordnung zur Messung von nichtthermischen Phononverteilungen mit Hilfe der Brillouin-Streuung eines He-Ne-Laserstrahls. Meßgröße ist die Streuintensität in Abhängigkeit von Streuwinkel und Wellenlängenänderung.

tische Streumessungen, und zwar Brillouin-Streuung, zurückgeführt werden. Zunächst sind, was lange Zeit fast vergessen schien, elastische Konstanten über die Schallgeschwindigkeiten besonders gut aus Brillouin-Streumessungen mittels einer bekannten eingekoppelten Frequenz zu bestimmen, und zwar wie von Bergmann [31] bereits 1942 vorgeschlagen, gleich für einen repräsentativen Richtungssatz, d. h. den gesamten elastischen Tensor. Durch geeignete Frequenzwahl erhält man sowohl adiabatische als auch isotherme Parameter. Wie neuere Arbeiten [32] zeigen, sind auch elastische Koeffizienten dritter Ordnung durch Brillouin-Streuung bestimmbar. Prinzipiell sind also hier viele Möglichkeiten gegeben, an auch für die Herstellung und Charakterisierung von Materialien wichtige Konstanten berührungslos, d. h. optisch, heranzukommen.

5.3. Zeitaufgelöste Spektroskopie

Während z. Z. der Erfindung und in der klassischen Hoch-Zeit der Spektroskopie die Fotoplatte dominierte und damit eine große Anzahl von weiteren Entwicklungen in vorgedachte Bahnen lenkte, wird mit zunehmender Lösung von der fotografischen Registrierung der plausible Wunsch nach zeitauflösenden oder zeitaufgelösten spektroskopischen Verfahren laut. Damit wären die Dynamik der Dissipation optischer Anregungsenergie (im Fall der Lumineszenzspektren), die zeitlich wachsende Besetzung von Niveaus (im Fall der Absorptionsspektroskopie) und somit auch nichtlineare Prozesse allgemein erfaßbar. (Ein besonderes Interesse auch anderer Disziplinen wie der Chemie und der Molekularbiologie sei erwähnt).

Ihre ersten großen Erfolge hatten diese Methoden in der Festkörperphysik vor fünf bis sieben Jahren, als es gelang, auf diese Weise einen ganz neuen Lumineszenzprozeß, die Donor-Akzeptor-Paar-Rekombination, zu identifizieren. In neuester Zeit gelang es, durch eine Abart dieser Methode, mit der eine Zeitauflösung von 10 ps erreicht wurde, die Bose-Einstein-Kondensation von Exzitonen in CdTe nachzuweisen [33].

Schwerwiegendes Handicap der Methode in ihrer üblichen Realisierung, d. h. getasteter SEV oder phasenstarres Sampling hinter dem SEV, ist der ungeheure Informationsverlust (s. Spektro*meter*, 4.3.3.). Hier multipliziert sich der Meßzeitaufwand noch einmal mit der Vielzahl erforderlicher Spektren, die zu unterschiedlichen Zeiten registriert werden. Abhilfe scheint hier nur möglich zu sein durch die Hintereinanderschaltung eines schnellen Verschlusses (z. B. Bildwandler) und eines Multidetektors (siehe 4.2.1. bzw. 4.3.3.). Für diese besonders informationsträchtige Abart der Spektroskopie ist also auch der Multidetektor allein keine Lösung. Besonders günstig erscheint hier aber eine Streak-Kamera (Bildwandler im „Schmier"-Betrieb) mit Nachleuchtschirm und nachgeschaltetem Detektorraster (z. B. ein Vidikon, das in einer Zeile das Spektrum und in Bildkipprichtung dessen zeitliche Entwicklung wiedergibt). Damit würde es möglich, z. B. die einer Laser-Impulsanregung folgende Entwicklung des Lumineszenzspektrums abzubilden, ohne daß Information verlorengeht.

Beachtlich erscheint eine (außerhalb der Festkörperphysik) von Rentzepis [34] angegebene Methode der extrem zeitauflösenden Spektroskopie *mit Fotoplatte*. Abb 15 zeigt das Prinzip. Hier ist die zeitlich sukzessive Hellschaltung einer Kerrzelle durch einen parallel zum Spektrografen-Spalt durchlaufenden Laserimpuls die entscheidende Idee. Die hierbei erreichte Zeitauflösung von 2 ps ist phantastisch, leider die Methode aber nicht sehr variabel.

5.4. Ortsauflösende (Raster-)Methoden

Neben dem Wunsch nach Zeitauflösung bei der Messung von Festkörpereigenschaften ist seit langem der nach abbildenden, topografierenden Methoden, insbesondere im Zusammenhang mit der Realstrukturanalyse und der Beurteilung (gewollt) örtlich inhomogener Strukturen vorhanden.

Den begrifflich einfachsten (und vielleicht sogar historisch realen) Zugang zu dieser potenten Methodengruppe bildet eine Betrachtung der üblichen Praxis der Fernseh(FS)-Aufnahme: Das auf einer fotoempfindlichen Schicht in der FS-Aufnahmeröhre entworfene Bild wird durch einen zeilenweise bewegten Elektronenstrahl „abgerastert", dadurch ein zeitlich variables elektrisches Signal erzeugt, das durch den gewissermaßen inversen Prozeß in der (Schwarz-Weiß-)FS-Wiedergabe ein Hell-Dunkel-Bild hervorruft. Stellen wir uns vor, daß statt der in der FS-Aufnahmeröhre notwendigerweise homogenen fotoempfindlichen Schicht ein auch ohne Lichteinstrahlung inhomogener Festkörper benutzt würde, so würde das Monitor-Bild (möglicherweise) diese Inhomogenität abbilden. Das örtliche Nebeneinander wird also in ein zeitliches Nacheinander umgewandelt und auf dem Monitor wieder zu einem (vergrößerten) Nebeneinander zusammengesetzt. Das ist aber das Grundprinzip der Raster-Elektronen-Mikroskope und Mikrosonden.

Als abtastende – eigenschaftsmessende, response-auslösende – Sonde wird heute im allgemeinen der Elektronenstrahl oder in einigen Fällen ein „rasternder" Laserstrahl benutzt. Das durch die „scanning" (abrasternde) Sonde ausgelöste elektrische Signal kann sein (Abb. 16 [35]) Sekundärelektronen (Photoelektronen), rückgestreute oder transmittierte Elektronen, das Katodo-Lumineszenz-Signal eines SEV, die Katodo-Leitfähigkeit der Probe selbst oder

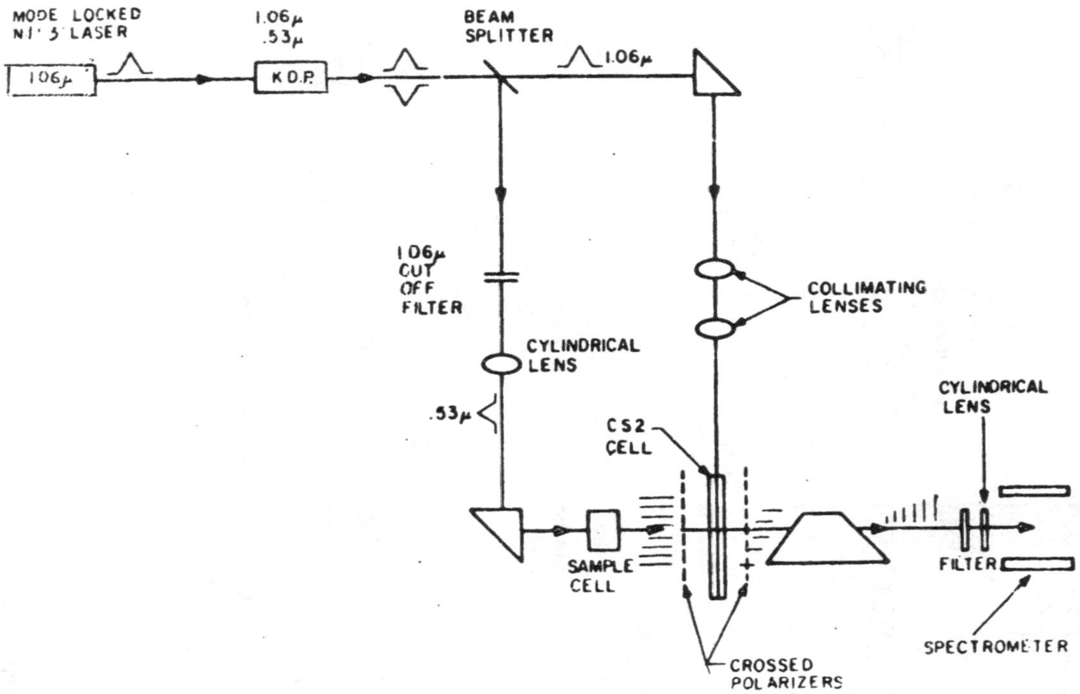

Faksimile-Wiedergabe aus: P. M. Rentzepis u. a., Phys. Rev. Lett. **25** (1970) 1742

Abb. 15. Zeitauflösungen von 2 ps ($2 \cdot 10^{-12}$ s) sind möglich durch ortsvariable Helltastung einer Kerrzelle (CS_2) mit Hilfe eines moden-gekoppelten Laserimpulses, der parallel zur Spalthöhe eines Spektrographen durch die Kerrzelle läuft. Dadurch entspricht die Spalthöhe einer Zeitachse, ihr Maßstab ergibt sich aus Spektrographenvergrößerung und Lichtgeschwindigkeit.

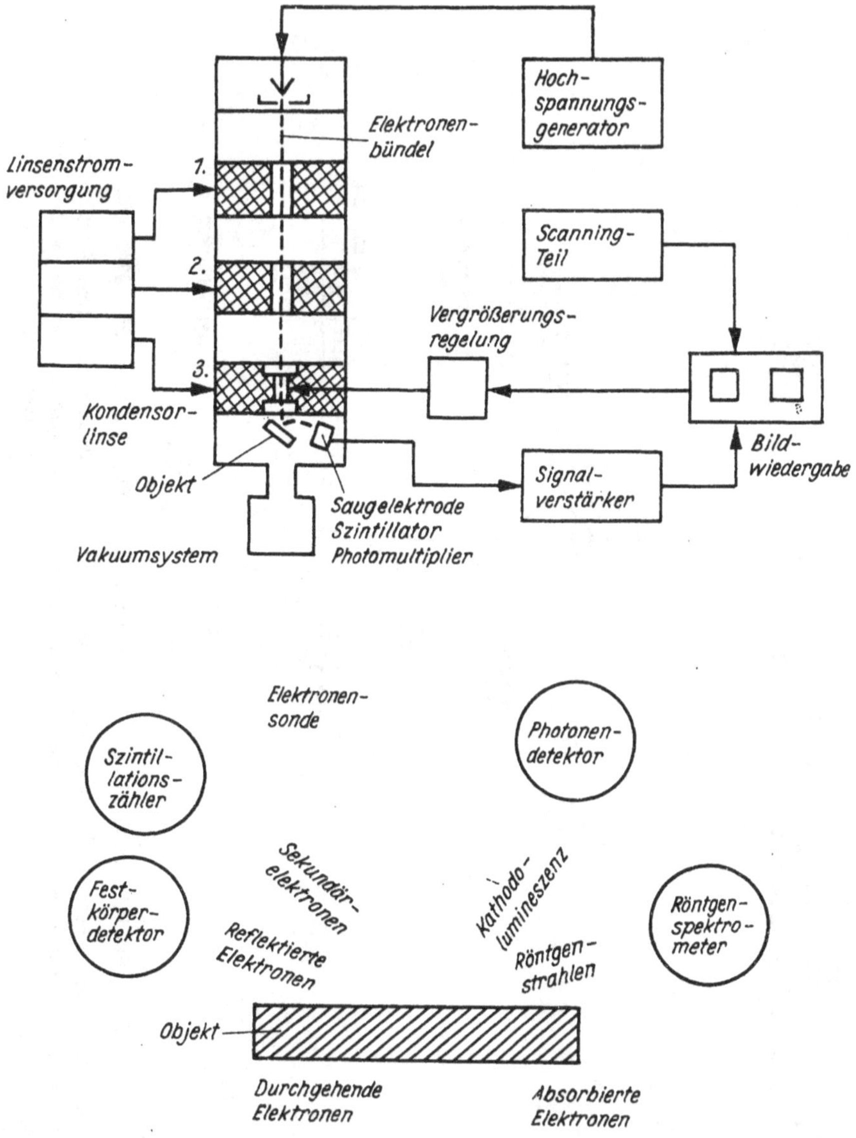

Abb. 16. Prinzip des Raster-Elektronenmikroskops und die für die Abbildungsmoden verwendeten Wechselwirkungsprozesse [35].

die an einer ihrer Inhomogenitäten entstehende katodo-voltaische Spannung, aus der Probe ausgelöste Auger-Elektronen oder Röntgenstrahlung und im Prinzip auch jede andere (vielleicht heute noch unbekannte) Reaktion der Probe auf den Elektronen- (oder Licht-) Strahl. Man spricht dabei von Abbildungs*moden*, also z. B. Sekundäremissions-Mode.

Obwohl tausende derartiger Eigenschaftsbilder von Festkörperproben und biologischen Objekten bereits veröffentlicht sind, steht der gezielt *messende* und quantitativ auswertende Einsatz dieser Methode ganz am Anfang seiner Entwicklung. Dabei wird die in vorgegebener (z. B. bestimmter kristallografischer) Richtung erfolgende Abtastung (line scan) mit analoger oder digitaler Registrierung der Meßwerte dem „Bilder-machen" bald überlegen sein. Ebenfalls noch wenig ausgenutzt (im wesentlichen bislang nur als Kombination von Röntgen-Fluoreszenz-Analyse mit einer anderen Mode), aber eigentlich bedeutendster Vorteil ist die einfache Möglichkeit des Vergleichs mehrerer Moden im Sinne einer Aussagenergänzung (3.1.3.).

6. Trends

Als allgemeinster Trend in der Entwicklung der Experimentalmethodik der Festkörperphysik dürfte sich das fortsetzen, was sich in den letzten Jahren immer deutlicher herausgestellt hat und in 3.1.1. bis 3.1.3. bereits zum Ausdruck gebracht wurde: Eine methodische Verästelung und Diversifikation durch die Möglichkeit, problemoptimale Methoden (bzw. Methodensysteme) zu entwerfen; diese Möglichkeit wird gegeben durch eine weit entwickelte Theorie, durch die fast unbegrenzten geräte- und bauelementetechnischen Möglichkeiten und die der theoriegerechten elektronischen Auswertung.

Auf den ersten Blick erscheint es erstaunlich, daß dieser Trend allgemein sein, also z. B. für Grundlagenforschung und Routineprüfmethoden in der Materialcharakterisierung gleichermaßen Gültigkeit haben sollte. Nichtsdestoweniger scheint es derzeit so zu sein: Zwei Beispiele sind bereits gegeben – die optische Messung der Diffusionslänge für Routineprüfungen, die EEVA als theorienächste Messung der optischen Konstanten.

Das zweite Beispiel offenbart darüberhinaus einen weiteren charakteristischen Trend in der Grundlagenforschung: Die Definition von Begriffen aus (leicht zugänglichen) Meßvorschriften wird abgelöst durch Prägung von Begriffen aus der Theorie und Approximation dieser durch eine (in der Regel schwierig zu realisierende) Meßvorschrift.

Hier verweisen wir wieder auf das Beispiel EEVA (3.3.). Während sich der meßtechnisch naheliegende Begriff „Reflexionskoeffizient" als eine der Theorie nicht sonderlich nahestehende Größe erweist, wird mit einigem Aufwand die dielektrische Funktion so direkt wie möglich gemessen – ellipsometrisch, absolut und getrennt in Real- und Imaginärteil, oder, durch den weiten Energiebereich die Kramers-Kronig-Analyse ermöglichend, aus der EEVA.

Hier wird auch deutlich, daß die EEVA über die Ellipsometrie nicht insofern hinausgeht, als erstere sofort Zugang zu Absolutwerten von Imaginär- und Realteil böte, sondern nur vermöge der Möglichkeit $\epsilon(q,\omega)$ zu messen und somit mehr, die *mikroskopische Deutung* vereinfachende Information zu liefern.

In zunehmendem Maße werden wohl in der Grundlagenforschung Methoden entworfen werden, die möglichst direkte und quantitative Aussagen über die elektronische Struktur genauer gesagt über Eigenzustände, also Energie *und* Wellenfunktion, von Elementaranregungen gestatten. Die meisten „einfachen" Meßgrößen – Materialkonstanten im Sinne eines linearen response, d. h. eines ersten Koeffizienten in einer Reihenentwicklung – sind allerdings sehr globale Größen, die einer kompliziert gewichteten Mittelung über viele Zustände entsprechen. Die Messung der höheren Entwicklungskoeffizienten — „nichtlineare Parameter" — steht am Anfang und wird in all den Fällen, in denen aus einer Theorie solcher Effekte weitergehende, nicht ganz so globale mikroskopische Größen ermittelt werden können, einen wesentlichen Platz in den zukünftigen Methoden finden.

Dieser Weg des direkten Zugangs zu mikroskopischen Theorien dürfte freilich nur eine mögliche, wenn auch die befriedigendste, allerdings vielleicht auch die langwierigste Entwicklung sein. Es ist nicht ausgeschlossen, daß in zunehmendem Maße „Scaling-Theorien" wie beispielsweise die sogenannte dielektrische Theorie von Philipps und van Vechten [36] dazu entwickelt werden, nicht so sehr das prinzipielle physikalische Verständnis voranzutreiben, als vielmehr Voraussagen über Materialeigenschaften aus der Messung nur weniger solcher Parameter (und in der Regel einfacher wie beispielsweise Gitterkonstante und dielektrische Konstante bzw. Funktion, Gittertyp u. ä.) zu machen. Das würde allerdings bedeuten, daß den Meßmethoden solcher Eigenschaften (z. B. im Interesse einer Material-Optimierung) besondere Bedeutung zukommt und natürlich all denen, die für eine Verifizierung dieser Theorien nötig sind.

In diesem Zusammenhang, aber auch unabhängig von dem bereits Gesagten, dürfte ein weiterer Trend von Bedeutung sein: Die Perfektionierung bestimmter Methoden, insbesondere in der Materialforschung und -charakterisierung. Dabei geht es um die Ausweitung bis an die theoretische Leistungsgrenze bezüglich beispielsweise der Empfindlichkeit oder Genauigkeit, aber auch um die Kombination mehrerer, sinnvoll möglicher Methoden im gleichen Gerät zum Zwecke der Potenzierung der Aussagefähigkeit durch gegenseitige Stützung und Ergänzung, wofür heute die Rasterelektronenmikroskopie ein beredtes Beispiel bietet. Auch die bislang als untypisch für die festkörperphysikalische Experimentalmethodik ausgeklammerten Analysenmeßgeräte haben genau an dieser Stelle ihren Platz: dort nämlich, wo nur durch das optimierte Zusammenspiel aller prinzipiell durch unspezifische Geräte oder Baugruppen realisierbaren Funktionen das notwendige extreme Ergebnis erzielt werden kann (Genauigkeit, Empfindlichkeit, Meßzeit o. ä.).

Abschließend sei auf etwas hingewiesen, das vielleicht als Äußerlichkeit abgetan werden könnte: Die Herausbildung von äußerst flexiblen Systemen der elektronischen Meßwerterfassung und Experiment-Automatisierung (z. B. CAMAC[13]) wird (unter Beibehaltung des temporären Meßplatzcharakters

13 Geräte-Baustein-System für die Verbindung zwischen Experiment und Prozeßrechner, ursprünglich für die Kernphysik und Kerntechnik entwickelt, heute weit darüber hinaus von Bedeutung. In der Sowjetunion unter dem Namen „Vektor" mit metrischen Abmessungen eingeführt.

der Experiment-Realisierung) mehr Meß*zeit* verfügbar machen, ohne daß die Zeit des Experimentators (oder der sowieso immer knapper werdenden Hilfskräfte) belastet wird. Dadurch wird die Empfindlichkeits- und/oder Genauigkeitsgrenze ganz allgemein erhöht, da im allgemeinen das Signal-Rausch-Verhältnis proportional zur Wurzel aus der Meßzeit ansteigt. Viele Messungen werden erst durch diese neuen Möglichkeiten überhaupt sinnvoll.

7. Ausblick

Nach Meinung des Autors widerspiegelt die Methodik eines Wissenschaftszweiges dessen Entwicklungsstadium. Die Festkörperphysik bietet, wie es vielleicht gelungen ist, etwas deutlicher zu machen, das Bild, das für den vollentwickelten Wissenschaftszweig typisch sein dürfte: Die Theorie ist soweit fortgeschritten, daß ihre Begriffsbildungen empirische, lediglich durch Meßvorschriften definierte Begriffe verdrängen. Die Methodik muß also damit Schritt halten. Sie kann andererseits auf Grund ihres eigenen relativ hohen Entwicklungsstandes voll profitieren von allen relevanten technischen Neuerungen und diese schnell in methodischen Fortschritt ummünzen. Die Erkenntnis, daß viele methodische Wege zur Beantwortung einer am Modell oder in der Theorie formulierten Fragestellung möglich sind, hat dazu geführt, daß in der Regel auch Informationsgewinn aus dem gleichzeitigen Verfolgen mehrerer Wege erwächst.

Dieser fortgeschrittene Entwicklungsstand der Festkörperphysik bedingt allerdings auch, daß in scheinbarem Gegensatz zu unserer These 3.1.4. „Forschung ist nur scheinbar teurer geworden" die Kosten pro „Erkenntniseinheit" enorm gestiegen sind, seit „alle einfachen" Experimente bereits gemacht sind. Hier ist – wie bei allen derartigen Aussagen – die Bezugsgröße das Wesentliche. Bezieht man, wie wir das in 3.1.4. getan haben, auf ein bestimmtes Meßergebnis, so ist dieses im Laufe der letzten zwei Jahrzehnte beträchtlich im Preis gesunken, da sowohl Methodik als auch Instrumentierung enorm verbessert wurden. Bezieht man auf eine „Erkenntniseinheit", wie sie z. B. durch eine von einer international wohlrenommierten Zeitschrift akzeptierte Originalarbeit dargestellt werden könnte, so sind die methodischen Aufwendungen und die Instrumentierungskosten beträchtlich angestiegen. Es ist heute sicher nicht (oder nur sehr selten noch) möglich, mit einem Aufwand, wie ihn beispielsweise Abb. 1 oder Abb. 2 ausweisen, Arbeiten zu machen, die Aussicht haben, in Physical Review oder JETP abgedruckt zu werden; eine einfache Durchsicht einiger älterer und neuerer Zeitschriftenbände beweist das[14].

Ein Wissenschaftszweig in diesem Entwicklungsniveau erweist sich plausiblerweise recht methodenproduktiv und strahlt auf Nachbardisziplinen aus, produziert Methoden, die Eingang in die Technik finden, und weist andererseits auf Lücken im gerätetechnischen Aufkommen hin.

14 Vergleicht man die Instrumentierungskosten für die Arbeit zu Abb. 1 mit denen zu Abb. 4 bzw. Abb. 5, so dürfte das geschätzte Verhältnis hier (untypisch) nahezu 1:100 sein.

Insofern beantwortet sich die vielleicht auftauchende Frage nach der Verallgemeinerungsfähigkeit hier getroffener Aussagen von selbst. Prinzipiell wird man ähnliche Situationen bezüglich ihrer Methodik auch in anderen gut entwickelten Gebieten antreffen, wie innerhalb der Physik vielleicht in der Molekülphysik, der Plasmaphysik, der Optik und der Elektronenphysik. In jungen Disziplinen wie der Biophysik etwa wird die Situation der Methodik eine völlig andere sein. Übernahme von Erkenntnissen *und* Methoden aus den weiterentwickelten Gebieten kann hier einen schnelleren Fortschritt bringen.

Schwierig dürfte sich allerdings eine Übernahme von Methoden überall dort gestalten, wo eine mangelnde Bewußtheit der Tatsache, daß das „Wie" der Forschung die Effektivität wissenschaftlicher Betätigung bestimmt, die Dokumentation und Erfassung methodischen Fortschritts beeinträchtigt. Genau das gilt heute für große Teile der Physik, ganz sicher für die Festkörperphysik. Die naheliegende Idee, daß die traditionellen Lehrfächer innerhalb einer Disziplin im Laufe ihrer Entwicklung ihre Bedeutung und ihr Wesen ändern könnten, hat sich noch nicht allgemein durchgesetzt. Außerordentlich vorteilhaft in diesem Zusammenhang wäre es, die „Experimentalphysik" nunmehr aufzufassen nicht als eine Physik, aus der die Theorie ausgeklammert ist, sondern als eine Erfassung, Systematisierung und Weitergabe der Experimentalmethodik der Physik[15]. Die entsprechende Vorlesung sollte also viel stärker als bisher an den meisten Lehrstühlen auf die Vermittlung methodischen Fortschritts ausgerichtet sein.

„Der Experimentalphysiker tut normalerweise etwas, das zuvor nicht getan wurde – oder er bereitet dies vor, was länger dauern kann als das tatsächliche Tun" [37]. Diese Charakterisierung der Experimentalphysik ist so simpel und so ausgezeichnet, daß es vermessen wäre, sie verbessern zu wollen. Sie beinhaltet aber zweierlei: Die Entwicklung neuer Methoden *und* den Einsatz bekannter zur Bewältigung von Zielstellungen. Ersteres wird stärker in der Grundlagenforschung erfolgen, während angewandte Forschung in der Regel auf etablierte Methodik zurückgreift.

Ein *ausgewogener* Anteil methodischer Betätigung hat also durchaus etwas zu tun mit einer Balance in den Arbeiten angewandter und reiner Vorlaufforschung. Dabei sollte beachtet werden, daß ein vorhandenes methodisches Potential in der Regel die Arbeitsrichtung forschender Einrichtungen zumindest mittelfristig festlegt und damit sogar innerhalb der Forschungsrichtung eine Vorauswahl der effektiv bearbeitbaren Aufgabenstellungen – nolens volens – getroffen ist. Diese Wechselwirkung zwischen Aufgabe und

15 wobei, wie wohl deutlich geworden ist, die Theorie dabei keinesfalls ausgeklammert ist – zumindest soweit es die Festkörperphysik betrifft.

Methode rechtfertigt und erzwingt auch weiterhin die Beschäftigung mit Stand und Trends der Methodik. Das alte spanische Sprichwort „Der Mensch kommt nicht wohin er *will*, sondern wohin er *kann*" [38] muß bezüglich wissenschaftlicher Aufgabenstellungen sicher in der Weise interpretiert werden, daß alle Aufgaben, die außerhalb der derzeitigen Methodik liegen, recht teuere Lösungen haben, möglicherweise allerdings die progressivsten. Der Autor ist versucht zu ergänzen „außerhalb der *gewußten* Methodik", aber damit käme er auf bereits wiederholt Gesagtes zurück.

8. Literatur

[1] Ch. H. Townes, Usp. Fiz. Nauk 98 (1969) 1

[2] W. Bohn, Wiss. Zs. Friedrich-Schiller-Universität, Ges. u. Sprachwiss. R. 21 (1972) 561

[3] J. C. S. Richards, J. Phys. E-Sci. Instr. **6** (1973) 2
L. Finkelstein, J. Phys. E-Sci. Instr. **6** (1973) 3
P. B. Fellgett, J. Phys. E-Sci. Instr. **6** (1973) 5

[4] G. Lotz, Spektrum **15** (1969) 64
G. Lotz, G. O. Müller, Lexikon der Wirtschaft, Band „Arbeit", Verlag Die Wirtschaft, Berlin 1970, 275

[5] D. Schulze, private Mitteilung

[6] J. R. Haynes, W. Shockley, Phys. Rev. **75** (1949) 691
J. R. Haynes, W. Shockley, Phys. Rev. **81** (1951) 835
W. Shockley, G. L. Pearson, J. R. Haynes, Bell System Techn. Journ. **28** (1949) 344

[7] F. S. Goucher, Phys. Rev. **81** (1951) 475

[8] L. B. Valdes, Proc. IRE **40** (1952) 1420

[9] H. Lemke, et al., Literaturstudie zur Rekombination und Lebensdauermeßmethodik in Si, ZIE, Berlin 1973

[10] G. Jungk, H. Menniger, pss **5** (1964) 169
H. Puff, pss **6** (1964) 975

[11] E. O. Johnson, J. Appl. Phys. **28** (1957) 1349

[12] C. J. Hwang, J. Appl. Phys. **40** (1969) 3731, **42** (1971) 4408

[13] D. B. Wittry, D. F. Kyser, J. Appl. Phys. **38** (1967) 375

[14] S. Rakshit et al., pss (a) **4** (1971) 249

[15] H. Raether, Springer Tracts in Modern Physics **38** (1965) 84
J. Daniels et al., Springer Tracts in Modern Physics **54** (1970) 77
J. Geiger, Elektronen und Festkörper, Vieweg, Braunschweig 1968
S. Lohff, Z. Phys. **171** (1963) 442

[16] K. Siegbahn et al., Nova acta R. Soc. Sci. Upsal. IV **20** (1967)
K. Siegbahn, Endeavour **32** (1973) 51

[17] D. W. Langer, Festkörperprobleme XIII, Vieweg, Braunschweig 1973

[18] R. de L. Kronig, Z. Phys. **70** (1931) 317, **75** (1932) 191, **76** (1932) 468

[19] D. E. Sayers et al., Phys Rev. Letters **27** (1971) 1204

[20] D. E. Sayers, Diss. Washington 1971

[21] Physics in Perspective I, Washington D. C., Nat. Acad. Sci. 1972

[22] F. W. Karasek, Research/Development **22** (1972) Jan.

[23] M. A. Kelley, Ch. E. Tyler, hp-Journal **24** (1973) 11, 2

[24] 1673 von Leibniz verwendete Reihe, die nach Brook Taylor (geb. 1685) genannt ist

[25] R. Zucca, Y. R. Shen, Appl. Optics **12** (1973) 1293

[26] J. Hanus et al., Phys. Rev. Letters **19** (1967) 16
Semiconductors and Semimetals Bd. 9 – Modulation Spectroscopy, Academic Press 1972
M. Cardona, Solid State Phys. Suppl. 11, Academic Press, N. Y. 1969

[27] M. J. G. Lee, Proc. Roy. Soc. **A 295** (1966) 440

[28] N. I. Meyer, M. H. Jörgensen, Festkörperprobleme X, 21, Akademie-Verlag, Berlin 1970

[29] H. Kuzmany, pss (a), im Druck

[30] M. Cardona, Festkörperprobleme XIII, Vieweg, Braunschweig 1973

[31] L. Bergmann, Der Ultraschall, 3. Heft 1942, VDI-Verlag, Berlin

[32] R. N. Thurston, Proc. IEEE **53** (1965) 1320

[33] S. Shionoya et al., Techn. Rep. ISSP **A 562** (1972) Dez.

[34] P. M. Rentzepis et al., Phys. Rev. Letters **25** (1970) 1742

[35] J. Heydenreich, H. Johansen, Wiss. u. Fortschritt **22** (1972) 215

[36] J. A. van Vechten, Phys. Rev. **187** (1969) 1007
J. C. Philipps, Covalent bonding in crystals, Univ. of Chicago Press 1969
J. C. Philipps, Rev. Mod. Phys. **42** (1970) 317

[37] Physics in Perspective I, 78, Washington D. C., Nat. Acad. Sci., 1972

[38] Zitiert nach P. Sitte, Naturwiss. **60** (1973) 333

9. Zusammenfassung

Die Experimentalmethodik spiegelt den Entwicklungsstand einer wissenschaftlichen Disziplin wider. Die Festkörperphysik hat heute einen so fortgeschrittenen Zustand erreicht, daß ihre Begriffsbildungen immer stärker der Theorie entstammen und die Methodik eine weitgehende Annäherung zu erreichen versucht. Dies wird durch ein hohes Niveau der Gerätetechnik und speziell der Mikroelektronik ermöglicht. Großer Vorteil erwächst aus dem Einsatz sich ergänzender Methoden, und die meisten Experimente werden mit zeitweiligen (Meßplatz-)Anordnungen hauptsächlich industrieller Geräte ausgeführt, die oft speziell adaptiert sind. Die Instrumentierungskosten steigen oder fallen je nach Bezugspunkt; bezogen auf ein bestimmtes Experiment fallen sie, werden jedoch, bezogen auf eine akzeptable Originalarbeit, weiter ansteigen. Diese Feststellungen werden durch Beispiele für die Schlüsselmethoden, die den derzeitigen Fortschritt bestimmen, und eine kurze Übersicht über die relevante Gerätetechnik veranschaulicht.

9. Summary

On situation and trends of experimental methods in solid state physics

Experimental technique reflects stage and development of a scientific discipline. Solid state physic has achieved the advanced and sophisticated level in which terms and concepts are more and more derived from theory and in which experimental methods are designed as close to it as is possible on account of the higt instrumentation level and especially of the available (or custom designed) microelectronics. Great advantage is drawn from the use of complementing methods and most experiments are done with temporary arrangements merely of industrial instruments adapted to optimal use. Instrumentation costs can be said to decrease if one refers to a specific experiment, but they continue to increase speaking of those necessary to achieve experimental results acceptable for publication in an international journal. These statements are illustrated by some examples of key methods responsible for recent progress and by a brief review of relevant instrumentation.

9. АННОТАЦИЯ

Состояние и пути развития экспериментальных методик в физике твердого тела.

Экспериментальная техника отражает состояние и возможности развития отрасли науки. Физика твердого тела достигла сегодня такого высокого уровня, что теперь можно говорить о приоритете теории над измерительной техникой при образовании терминов и концепций. Это стало возможным благодаря существенному развитию аппаратуры, в особенности микроэлектронной. Большие успехи достигнуты с применением комплексных методик. Большинство экспериментов проводится на временно используемом стандартном промышленном оборудовании, иногда несколько переделанном для целей данного эксперимента. Стоимость оборудования можно считать возрастающей или убывающей в зависимости от взгляда на вещи: для одного определенного эксперимента она падает, но что касается научной работы общепринятого международного класса — ее стоимость возрастает. Предлагаемые читателю примеры некоторых ключевых методик, ответственных за сегодняшний прогресс науки, и краткий обзор соответствующей аппаратуры иллюстрируют вышеприведенные утверждения.

Abbildungsnachweis

Abb. 1: J. R. Haynes, W. Shockley, Phys. Rev. **75** (1949) 691; Abb. 2: F. S. Goucher, Phys. Rev. **81** (1951) 475; Abb. 3: H. Lemke et al., Literaturstudie zur Rekombination und Lebensdauermeßmethodik in Si, ZIE, Berlin 1973; Abb. 4: C. J. Hwang, J. Appl. Phys. **40** (1969) 3731; Abb. 5: S. Rakshit et al., pss (a) **4** (1971) 249; Abb. 7: S. Lohff, Z. Phys. **171** (1963) 442; Abb. 8: J. Daniels et al., Springer Tracts in Modern Physics **54** (1970) 77; Abb. 9: M. A. Kelley, Ch. E. Tyler, hp-Journal **24** (1973) 11, 2; Abb. 10: D. W. Langer, Festkörperprobleme XIII, Vieweg, Braunschweig 1973; Abb. 11: F. W. Karasek, Research/Development **22** (1972) Jan.; Abb. 12: M. A. Kelley, Ch. E. Tyler, hp-Journal **24** (1973) 11, 2; Abb. 12a: R. Zucca, Y. R. Shen, Appl. Optics **12** (1973) 1293; Abb. 13: J. Hanus et al., Phys. Rev. Letters **19** (1967) 16; Abb. 14: N. I. Meyer, M. H. Jörgensen, Festkörperprobleme X, 21, Akademie-Verlag, Berlin 1970; Abb. 15: P. M. Rentzepis et al., Phys. Rev. Letters **25** (1970) 1742; Abb. 16: J. Heydenreich, H. Johansen, Wiss. u. Fortschr. **22** (1972) 215.

In Vorbereitung

G. ETZOLD
Aufgaben und Organisation eines methodischen Zentrums in der molekularbiologischen Forschung

T. KÖSTER und G. LOTZ
Multiinstitutioneller Forschungsgeräteeinsatz — Probleme und Erfahrungen

W. SCHULZE
Wissenschaftliche Forschung und elektronische Rechentechnik

Die Schriftenreihe erscheint in zwangloser Folge.

Bezugsmöglichkeiten

Einzel- oder Fortsetzungsbestellungen von Heften dieser Schriftenreihe durch den Buchhandel.
Falls keine Bezugsmöglichkeit durch eine Buchhandlung vorhanden, wende man sich

in der DDR an den Akademie-Verlag, DDR-108 Berlin, Leipziger Str. 3—4,

im sozialistischen Ausland an die Buchhandlungen für fremdsprachige Literatur,

in der BRD und *in Westberlin* an die Auslieferungsstelle Kunst und Wissen, Erich Bieber, 7 Stuttgart 1, Wilhelmstr. 4—6,

in Österreich an den Globus-Buchvertrieb, 1201 Wien, Höchstädtplatz 3,

im übrigen Ausland an den Buchexport, Volkseigener Außenhandelsbetrieb der Deutschen Demokratischen Republik, DDR-701 Leipzig, Leninstr. 16, Postfach 160, oder an den Akademie-Verlag direkt.

How to order
You can order through any book-seller, or Buchexport, Volkseigener Außenhandelsbetrieb der Deutschen Demokratischen Republik, DDR-701 Leipzig, Leninstr. 16, or directly from the Akademie-Verlag, DDR-108 Berlin, Leipziger Str. 3—4.

Возможности заказа
Данное издание Вы можете заказать в магазинах Советского Союза, торгующих иностранной литературой.

FSC
www.fsc.org
MIX
Papier | Fördert
gute Waldnutzung
FSC® C083411

Kolibri 360 GmbH
Ferdinand-Jühlke-Straße 7
99095 Erfurt, Deutschland
produktsicherheit@kolibri360.de